城市更新背景下的示范园区基础设施的提质升级实践

——以上合示范区为例

崔业弘　王德康　李　倩　**主编**

中国海洋大学出版社
·青岛·

图书在版编目（CIP）数据

城市更新背景下的示范园区基础设施的提质升级实践：
以上合示范区为例 / 崔业弘，王德康，李倩主编.
青岛：中国海洋大学出版社，2024. 6. -- ISBN 978-7
-5670-3877-6

Ⅰ．TU984.252.3

中国国家版本馆 CIP 数据核字第 2024007ZN1 号

城市更新背景下的示范园区基础设施的提质升级实践
——以上合示范区为例
CHENGSHI GENGXIN BEIJING XIA DE SHIFAN YUANQU JICHU SHESHI DE TIZHI SHENGJI SHIJIAN
——YI SHANGHE SHIFANQU WEI LI

出版发行	中国海洋大学出版社
社　　址	青岛市香港东路 23 号　　**邮政编码**　266071
网　　址	http：//pub.ouc.edu.cn
出 版 人	刘文菁
责任编辑	由元春　　　　　　　　**电　　话**　0532-85902495
电子信箱	94260876@qq.com
印　　制	青岛国彩印刷股份有限公司
版　　次	2024年6月第1版
印　　次	2024年6月第1次印刷
成品尺寸	185 mm × 260 mm
印　　张	13.5
字　　数	300千
印　　数	1～1 000
定　　价	69.00元
订购电话	0532-82032573（传真）

编 委 会

前　言

实施城市更新行动，是适应城市发展新形势、推动城市高质量发展的必然要求。根据城市发展规律，我国已经进入城市更新的重要时期，城市建设已由大规模增量建设转为存量提质改造和增量结构调整并重，已从"有没有"转向"好不好"。实施城市更新行动，是解决城市发展中存在的问题的有效途径。在过去的发展过程中，城市建设更注重追求速度和规模，城市规划建设管理"碎片化"问题突出，基础设施和公共服务等方面存在短板。实施城市更新行动，着力补齐短板，将大大提升城市品质，全方位提升居民生活质量、人居环境质量和城市竞争力。

青岛市认真践行"人民城市"的重要理念，自2022年开始，启动实施城市更新和城市建设三年攻坚行动，聚焦历史城区保护更新、重点低效片区（园区）开发建设、旧城旧村改造建设、市政设施建设等十个重点攻坚领域，通过2 186个项目的落地实施，城市功能更完善、环境更优美、产业更优化，在增强民生福祉的同时，打开了高质量发展的新空间。

以2018年6月的上合组织青岛峰会为起点，建设上合示范区被提升到了国家战略层面，上合示范区发展的大幕自此拉开。2018年9月28日，上合示范区首批26个项目动工建设，标志着示范区建设的正式启动。

城市更新建设，一头连着民生，一头连着发展，是加快新旧动能转换的重要抓手，是推动产业转型升级的重要保障，也是推动新一轮有效投资落地的迫切需要。结合青岛市城市更新三年行动，上合示范区全面落实中央决策部署，高起点规划、高标准建设，在该背景下实现了市政基础设施的提质升级，规划先行、系统统筹、通过防洪排涝，加快城市韧性、主干路快速化改造、加密支路网交通微循环、非开挖修复管网、海绵城市构建、城市信息模型（CIM）平台建设等，为"做实、做好、做美、做响上合示范区"提供了基础设施保障。

本书是对上合示范区城市更新规划与建设实践的总结和凝练，限于编者的知识、认知及经验等，本书难免有不足之处，恳请广大读者、专家批评指正。

本书在编写过程中参阅了大量的参考文献，在此向有关作者和单位表示衷心感谢！

编者

2024 年 1 月

目 录

第一章

<<< 城市更新的时代背景

第一节　城市更新概念的发展脉络

一、城市更新的历史渊源

尽管城市自产生之后便伴随着更新改造，但近现代意义上的城市更新起源于西方20世纪六七十年代的"城市改造"。第二次世界大战后，西方进入战后繁荣时期，经济开始快速增长，面对高速城市化后所产生的居住分化与社会冲突问题，"城市改造"以"清除贫民窟"为目标，主要体现为对城市的衰败地段进行推土机式的"推倒重建"，从而带来居住环境质量的提高。然而，与之匹配的是租金的上升，高收入阶层的入住。

"推倒重建"的主要动力源于经济的繁荣发展，随着20世纪八九十年代经济增长趋缓，加之中心城区衰败地段高昂的拆除费用，西方政府选择采取城市更新措施，并且由之前政府资金主导的福利主义社区的重建，转向引入私有资本的市场导向的旧城更新。

20世纪90年代以后，随着人本主义与可持续发展思想的深入人心，城市更新开始转变为物质环境、经济和社会多维度的社区复兴，更加强调政府、私有资本与社区的三方合作，更新的内容也更加多元化且综合性。Robert概括此时城市更新的特点：城市更新是用一种综合的、整体性的观念和行为来解决各种各样的城市问题：致力于经济、社会、物质环境等各个方面，对变化中的城市地区做出长远的、持续性的改善和提高。

二、西方城市更新的发展取向与特点

（一）从形体主义向人本主义转变

无论是政府主导的福利色彩社区更新，还是商业导向的旧城开发，其基本指导思

想都是形体主义规划理论。形体主义规划思想本质上是把动态的城市发展看成一个静态过程，并且寄希望于整体的形态规划来解脱城市发展的困境，寄希望城市的田园诗歌般的图画和理想能促使拥有资金的人们去实现他们提出的蓝图。形体主义规划思想的核心是形态决定论、功能主义和机器增长。规则、次序、唯美成为早期城市更新运动的主要指导思想，以物质环境改造为重点的城市美化运动由于缺乏对社会问题的关注和破坏城市社会肌理，而使其意义有所折损，这也是前期西方城市更新运动的主要问题和特征。

形体主义思想在实践中陷入困境时，人本主义思想悄然兴起，成为当前西方城市综合社区邻里复兴的理论基础。"人本"思想强调城市发展中应主要考虑人的物质和精神需求，强调"利人原则"在城市更新中的核心地位，城市多样性、历史价值保护和可持续发展观是人本主义规划思想的主要内容。其取代单一维度的物质环境更新，社区环境的综合整治、社区经济复兴以及居民参与下的社区邻里自建是未来城市更新的发展方向。

（二）问题导向下的城市更新理念演变

推土机式重建提升城市的物质面貌，丰富城市功能，但由此产生了更多问题：异地安置后贫穷阶层的居住条件并未得到任何改善，城市更新只是在空间上对贫民窟的转移，同时造成沉重的社会成本和经济成本。于是，推土机式的城市更新在大多数国家备受指责。

为了协调贫穷社区的人口社会问题，带有福利色彩的社区更新逐步在西方国家得到推广和采纳，这在一定程度上缩小了社会贫富差距，被改造社区的原居民享受到更新带来的各种社会福利和公共服务。虽然最终社区改造仍以住房和基础设施更新改造为主，但通过提高社会服务解决人口社会问题的视角至少已被提上议程。也有人提出城市更新的受益者局限于社区居民，地方很难享受到更新带来的"外部性"好处，而被更新社区居民的社会经济地位也并未改变。但问题的关键是，越来越多的贫困社区希望加入更新计划之中，而政府投入资金有限，于是"承诺和现实之间的差距越来越大"。政府背上了沉重的财政负担，随着西方城市经济增长放缓，福利主义政策迅速陷入困境。

为了刺激地方经济增长和促进私有投资，摆脱政府财政压力，市场导向的旧城再开发应运而生，并取得了商业上的巨大成功。中心城区重新吸引中产阶级回归，市中心对商业投资、地方消费者和旅游者的吸引力大大增强了。不同于20世纪80年代的社区重建，地产开发模式显著提升了被更新地区的社会经济地位，但是由此带来的绅士化和人口置换却让人忧虑，没有住房的修缮和重新开发，街区的房产将会继续破败下去；而一旦出现了复兴，居民又面临被迫迁居的窘境。同时，绅士化和人口置换带来的"门禁社区"和对社区长期邻里关系的破坏也是致命的，"邻里关系的形成是一个长期过程，一般需要 20～40 年，而在新建的高楼大厦和封闭居住区中，邻里关系在某些社会意义上已经不存在了。此外，房地产开发的城市更新毫无疑问让贫富差距进一步扩大了，为了迎合私人部门的投资意愿，决策部门不得不刻意压制公众和社区在更新决策中的参与作用，令其缺乏横向协调和公众问责性，忽视大众的实际意愿和需求，低下层社区人士也很难感受到"涓滴效应"的惠泽。在众多批评声中市场导向的旧城再开发不得不重新反思城市更新的本质，并迎来人本主义社区复兴的到来，居民意愿和公众参与得到了越来越多的考虑和重视，更新和改造的关注点从单一物质环境维度扩展到社会、经济、环境和文化等多方面，以弥补之前的问题和不足，城市更新理念也在问题导向下不断发展成熟。

（三）城市更新运作模式的多方参与倾向

随着城市更新理念演变，其运作模式也随之变化，大致可总结为三种类型：政府主导型、公私合作型和社区参与型。

20 世纪 70 年代之前的清理贫民窟和福利色彩社区更新政策，中央和地方政府都扮演某种主导作用，更新资金绝大部分来自公共部门。以英国为例，对清除贫民窟提供的人口安置补贴，最高可达住房整修改善费用的 50%，到 20 世纪 70 年代甚至将配额标准提高到 75%。相比之下，私有部门和社区居民仅扮演辅助角色。

20 世纪 80 年代则是明显的市场机制主导的时代，公共部门与私有部门的深入合作是这种模式的最大特点，社区作用被显著边缘化。公私合作模式分为两种形式：公共部门和私人个体的合作，公共部门与私有部门合作。前者是指个人投资者、家庭和小业主在公共部门的支持下，对自身所有房屋和居住环境的更新。后者是指私有部门在地方政府支持下，对某地区进行商业性改造和翻新。在美国，一些大型私有部门甚至会撇开政府公共部门，自己绘制城市更新的规划蓝图。直至今日，公私合作仍是许多城市最行之有效的城市更新运作模式。

20 世纪 90 年代以来的城市更新试图改变市场主导机制下对社区问题的忽视，倾向于加强社区在更新中的作用：一方面，社区居民意愿和利益被纳入更新计划中来，成为公共部门和私有部门两个角色之外的制衡第三极；另一方面，城市居民在政府和开发商协调下对居住社区进行自主改造并分享更新带来的收益。政府、私有部门和社区的多方参与使城市更新运作模式从自上而下拓展到自下而上的新机制，各方权力相互制衡更加保证多维度更新目标的可实现性，是西方城市更新政策的最新发展方向。

三、我国城市更新的发展取向与特点

(一)多元利益博弈中的价值优位

土地是城市发展的基础载体。我国自20世纪80年代以来,城市化处于快速上升期,以投资驱动为主要增长方式,土地财政是地方政府收入的主要来源,这些决定了以新增建设用地为对象的"增量规划"是我国城市规划编制的主流。随着我国土地资源供应日益紧张,国家管控日趋加强,中心区位土地价值的重新认识、发掘以及生态文明战略的推行,城市建设用地增量大大受限,城市建设自然转向存量的挖潜,这个转变就是从高速度发展转向高质量内涵建设的转型过程。

作为土地一、二级联动开发模式,城市更新所涉及的流程长、环节多:从前期的计划申报、规划审批、拆迁补偿、实施主体确认,到后期的拿地开发、回迁安置,各环节均涉及土地权利。统筹考虑并平衡各方利益的基本之道是依法行事,这也应成为多元利益博弈下的价值导向:依法保护土地产权、依法确认土地权属、依法运行公权力。城中村改造的顺利推进离不开村集体(村民)的配合和市场主体的资金支持,这样才会共赢,使多元目标达成。另外,协调城市与乡村以及国家、集体、村民、非村民之间的利益机制也非常必要,大量近郊农民因"一夜暴富"自由挥霍带来的悲剧,以及农民所赖以生存的集体土地因征转完成了土地的城市化,农民本身的城市化难以随之一并完成的问题,也是要纳入考虑范畴的。

(二)兼顾历史与现实的权益确定

我国的城市更新不同于西方国家,西方国家在第二次世界大战后城市建设的推倒重来及郊区化快速扩张的背景下,为提振城市中心活力和清理贫民窟而产生城市更新运动并不断优化。但是我国的城市更新是在既有建设中、既定历史环境中展开的,城市管理者的认识及公共政策的局限性、大量城市涌入者利益争执的冲突、历史既成事实的惯性延续等因素,使得城市更新中历史与现实出现诸多断裂、对立,难以在短时间内弥合。首先,按计划经济思维建设的城市没有把城市作为一个有机主体对待。改革前的中国城市是沿着一条排斥市场的道路发展的"变消费城市为生产城市"的战略将不可分割的生产和消费割裂开来,过分狭隘地强调了工业生产,城市成了自我服务的工业生产体系的聚焦点。在国家计划和经济社会组织工作中,没有把城市作为一个整体来对待,体制也不合理,城市建设和管理长期没有得到应有的重视,致使城市在更新过程中积累了大量问题。其次,城中村改造无法回避的历史遗留问题需在城市化中被正视和得到解决,在当前的市场经济中,城市再开发,只有在建筑、出售或租赁新土地所得的收入超过土地征用、清除和建设的成本时才是可行的。最后,城市布局

混乱导致的土地使用混乱，以及旧城基础设施滞后和不足，凸显历史和现实的冲突。过去，旧城区内居住、工厂、仓库、机关互相混杂的情形相当普遍，工业用地比重过大，道路交通用地过小，商业用地占城市土地的比重相对较低，存在严重的城市用地结构扭曲现象。随着市场机制的引入，产业结构调整，用地结构转换，人口结构变迁，传统的居住文化圈被冲破，而新的居住区居民文化心理失衡，社区结构衰落，特别是搬迁改造动辄就搬到远郊区，与居民的美好愿望很不一致。

（三）单向度同质化中的特色彰显

除了针对城市物质、功能、结构和布局衰退应做的调整、维护、修改、更换、完善外，城市更新还需做好城市设计。好的城市更新既要有体现城市特色的标志性建筑，又要有一定的广场、绿地，供人们散步、游玩、休息，而非把城市更新等同于旧城改造及房地产开发，走规模化、流程化的模式铸就"千城一面"的景象。中国的城市经历了30年的苏联式现代化发展，而在随后的30年中，又采用了美国式的现代化发展模式。这两种建筑模式都没有以不同的中国城市所具有的特定历史与文化为基础。要避免城市更新中单向度趋同化的倾向，就需要注重物质更新、文化更新和产业更新三者的有机融合。

四、中西方对城市更新概念的不同理解

中西方对于城市更新产生的不同理解与表现，主要原因为两者处于不同历史发展阶段以及中国独特的政治、经济、文化、地域特点。西方由于城市建设的先行性，对城市更新的模式进行了多阶段、多时期的探索，最终确定更适合当下发展时期与社会体制的城市更新模式。

中国的城市化经历了快速增长的时期，在这个时期，城市规划受政治影响较大，城市建设表现出盲目求快，求量、求利等趋势，在当下新发展阶段与时代背景下，中国的城市更新迫切需要调整与重组先前时期的城市空间，同时也要在新的城市建设中做出长远的、持续性的改善和提高。

第二节　新时期、新阶段的城市更新

一、城市更新的内涵要求

城市更新是城镇化的重要组成和积极补充，也是城市功能的不断健全与持续完善，随着城镇化的发展而逐步兴起。在社会发展水平不同、社会制度有所差异的生产力发展不同历史阶段的时代背景下，城市更新有着不尽相同、特色各异的风貌。城市更新的内涵随着对城市更新实践的不断深化、对城市更新规律认识的不断深入而渐趋丰富和完善。

新时期、新阶段的城市更新增加了更多的内涵。有专家认为，城市更新不能简单地定义为学术概念，其内涵更加丰富，要从学术观点上升到战略高度来认识。王蒙徽站在战略的高度，认为实施城市更新的目标是城市空间结构完善、功能完善和生态修复、历史保护并塑造风貌、老旧小区改造和社区建设、基础设施水平提升等。还有专家认为，城市更新行动已被列入国家战略部署，这揭示着城市开发建设方式的转变，以后城市的规划建设要从过去的远景目标拉动走向渐进改善的道路。

目前，各地出台的政策中关于城市更新的解释有所不同，但大多是围绕城市空间形态和城市功能的优化进行的"留改拆"等一系列活动。

《北京市城市更新条例》中指出，城市更新是建成区内城市空间形态和城市功能的持续完善和优化调整，具体包括以保障房屋安全、提升居住品质为主的居住类城市更新；以推动存量空间资源提质增效为主的产业类城市更新；以保障安全、补足短板为主的设施类城市更新；以提升环境品质为主的公共空间类城市更新；以统筹存量资源配置、优化功能布局，实现片区可持续发展的区域综合性城市更新。

《上海市城市更新条例》中指出，城市更新是在建成区内开展持续改善城市空间形态和功能的活动，具体包括提高城市服务水平的基础设施和公共设施建设类活动；优化区域功能布局，塑造城市空间新格局类活动；提升、改善城市人居环境类活动；加强历史文化保护，塑造城市特色风貌类活动。

《广州市城市更新办法》中指出，城市更新是由合规的实施主体，按照"三旧"改造、棚户区改造及危破旧房改造的政策等，在更新规划范围内，对低效存量建设用地进行盘活利用及对危破旧房进行整治、改善、重建、活化、提升活动。

《深圳经济特区城市更新条例》中指出，城市更新是对建成区城市基础设施和公共服务设施急需完善、环境恶劣或者存在重大安全隐患、现有土地用途及建筑物使用功能或者资源和能源利用明显不符合经济社会发展要求，影响城市规划实施等区域，进行拆除重建或者综合整治的活动。

从各地出台的《城市更新条例》或《城市更新办法》来看，其内涵已经相对统一，主要是指对城市建成区内的空间形态和功能进行可持续改善的活动，一般包括设施完善、功能优化、品质提升和历史保护等方面。2022 年 2 月，在推动住房和城乡建设事业高质量发展有关情况的新闻发布会上，住建部进一步明确城市更新行动是一个系统工程，是以城市整体为对象，以新发展理念为引领，以城市体检评估为基础，以统筹城市规划建设管理为路径，顺应城市发展规律，推动城市高质量发展的综合性、系统性战略行动。

二、城市更新的时代价值

五大新发展理念作为一个系统的理论体系，既深刻回答了发展的目的、方式、路径，也深入阐明了发展的政治立场、价值导向，体现了科学性和价值性的有机统一。

（一）坚持人本价值，以人民为中心建构人文城市

人文关怀与人本价值，是现代城市更新运动的有益养分。我国在明确提出"实施城市更新行动"的同时，强调必须坚持以人民为中心的发展思想。《住房和城乡建设部关于在实施城市更新行动中防止大拆大建问题的通知》要求，城市更新应聚焦居民急难愁盼的问题诉求，以惠民生为更新重点。党的二十大报告要求城市更新须始终牢记"人民城市人民建、人民城市为人民"。建设"人文城市"成为城市更新的核心目标之一。

（二）坚持公正、民主价值，以共建、共治、共享理念建构民主城市

公平正义既是社会主义核心价值观的重要内容，也是全人类共同价值中的重要理念。我们要以此为出发点，坚持公正、民主价值，以共建、共治、共享理念建构民主城市。

（三）坚持经济价值，打造城市高质量发展新动能

中国特色社会主义现代化建设已进入新时期新阶段，中国的经济发展方向由规模速度转入质量效益，城市更新是促进经济发展方式转变的重要动力，也是构建新发展格局的重要支点，更是满足人民群众日益增长的美好生活需要的有效途径。城市更新由大规模增量建设转为存量提质改造和增量结构调整并重，解决城镇化过程中的问题及城市发展本身的问题，推动城市开发建设方式由粗放型外延式向集约型内涵式转

变，将建设重点由房地产主导的增量建设逐步向以提升城市品质为主的存量提质改造转变，生产要素进一步优化再配置，为城市发展培育新动能，实现城市发展量的合理增长与质的持续提升，推动城市结构调整优化，提升城市品位品质，从源头上推动城市开发方式转型，进而带动经济发展迈上高质量发展的新台阶。

三、我国城市更新的走向

（一）物质更新是城市更新的基础载体

城市基础设施是维持城市经济社会正常运行的基础性载体。建设现代化城市基础设施体系，是实现城市更新、城市转型发展的基本前提和重要途径之一。宏观上强调空间的统筹规划，确保路网、停车系统、公共建筑、公共空间、地下管网等统筹，大力发展城市群市域（郊）铁路和城市轨道交通，加快 5G 网络、物联网等新型基础设施建设，避免发展碎片化是物质更新的总体规划。同时，基础设施更新既是技术过程，也是治理过程和社会化市场交换过程。一方面，加快改造传统基础设施，促进其升级更新；另一方面，积极推动以特大城市、大城市为主的新型基础设施建设，提高其技术水平与运营能力，是提升城市治理水平，建设宜居、韧性、创新、智慧、绿色和人文城市的重要抉择。新型基础设施包括 5G 基站、特高压、城际高速铁路和城市轨道交通、新能源汽车充电桩、大数据中心、人工智能、工业互联网等。传统基础设施的更新换代，能够为新型基础设施的运营与技术研发提供良好的保障。新型基础设施建设水平的提高，有助于加快传统基础设施改造升级，进而提高其服务能力，两者相互补充，同步发展，均衡布局，以促进资源要素的均衡分布，更好地发挥城市基础设施的综合效益，推动城市各区的共同繁荣。

（二）福利改善是城市更新的核心目标

一座城市的人口构成，事实上表明了城市能为他们提供什么，城市更新是否成功。决定一个城市能够取得成功的首要因素是人力资本，而非物理的基础设施。城市更新不能仅停留于表面形式的更新改造，还需探求深层结构性问题，逐步解决城市衰退的根本矛盾。福利改善，要以人为本。一是要注重公共服务、公共物品的均等化供给和可达性。为市民的未来发展和人生规划提供重要支撑，个体价值获得肯定和尊重，未来走向具有多元性，多元且动态的需要得到有效满足。二是秉持开放治理、包容共生以及注重共建、共治、共享的发展观。有效激发政府、社会、市民各方面的积极性，鼓励专业人士、企业家、民众积极共建，推动更多社会主体基于对公共问题的关注参与到城市治理之中。三是注重精神文明建设和精神家园建设。城市更新从物质形态上改变城市，同时也是破除居民原有传统生活结构和重建现代生活体系的过程。

加强精神家园建设，帮助居民适应新社区的生活环境，融入新的社区组织，这对构筑心理认同具有重要意义。

（三）经济提质是城市更新的内生动力

从经济控制的宏观角度看待，城市更新就是形成产业结构合理、经济布局均衡的城市框架。城市经济功能和城市性质是由城市产业结构决定的，城市产业结构的调整，必然导致城市土地利用结构作出相应的调整。传统产业布局规划重产业、轻城市，忽视产业发展与城市功能的协同。产业选择和空间布局是我国产业布局规划的两大内容，由于城市发展过程中往往更重视产业发展，所以更强调产业主导、空间支持。随着信息科技革命的发展，自然和社会等学科交叉融合，以源头创新为推动的世界产业结构呈现出"产业融合发展、产业边界模糊、新兴产业涌现"等新趋势，产业在布局上表现出极大的灵活性和分散性。近年来，我国城市产业规划理念由产城互促转为产城融合。在中心区的产业强调"引领高端、城市强核"，过渡区的产业强调"融合发展、城市提质"，特色资源区的产业强调"强化优势、塑造特色"，产业园区的产业强调"产城互动、城市固边"，生态保护区的产业强调"生态保育、城市安全"。

（四）绿色人文是城市更新的内在机理

党的二十大报告强调加强城乡建设中历史文化保护传承。"发展社会主义先进文化，弘扬革命文化，传承中华优秀传统文化"等文化理念在城市更新中的体现，就是通过城市物质载体和相关空间环境的保护性修复和更新改造，保留城市记忆，延续城市机理和文脉，展现城市的地域特色，通过文化积淀和提炼，形成城市、街区特有的精神、意象，实现传统文化与现代生活的交融。在城市更新活动中，要尊重历史、尊重现实、尊重未来，实现商业和文化功能更新。既要保护城市历史文化的自然环境，也要将城市文化作为城市发展的原动力和源泉，在城市名片中加入历史元素，实现历史文化与商业发展的融合，借助数字技术手段，活化历史文化遗产，传播并扩大城市的知名度，激发城市潜力，增强城市竞争力。

党的二十大报告中提出"推动绿色发展，促进人与自然和谐共生"，意味着城市更新要把低碳、绿色、可持续的理念贯穿规划工作的全过程，建筑、绿地、功能等要素将在空间上进行重组和变化，这些是城市更新的实质内容，也是城市生态环境变化的过程。要把城市更新与城市修补、生态修复的城市"双修"深度融合，融汇在总体城市设计、重点地区及专项城市设计中，加强总体城市设计，保护自然山水格局，优化城市形态格局，明确公共空间体系。在城市更新中加入生态学及其他先进科学技术，以推动生态城市、海绵城市、韧性城市建设，提高城市适应性和生态承载力，打造特色宜居城区，提高生活品质。

四、我国城市更新的政策体系

（一）国家层面

2021 年 3 月，"实施城市更新行动"首次列入政府工作报告、"十四五"规划纲要，上升为国家战略。

2021 年 8 月，住建部发布的《关于在实施城市更新行动中防止大拆大建问题的通知》，首次提出了"2255"这一城市更新的四项控制指标，即城市更新单元（片区）或项目内拆除建筑面积不应大于现状总建筑面积的 20%；拆建比不应大于 2；居民就地、就近安置率不宜低于 50%；城市住房租金年度涨幅不超过 5%。

为有效推进城市更新工作，2021 年 11 月，住建部公布第一批城市更新试点名单，共涉及 21 个城市（区），为期 2 年，重点开展探索城市更新统筹谋划机制、探索城市更新可持续模式、探索建立城市更新配套制度政策等工作。

2023 年 1 月，住建部总结了试点城市经验，印发了全国第一批实施城市更新行动可复制经验做法，从统筹谋划机制、可持续实施模式、创新配套支持政策三个方面筛选了 13 个省、市、自治区的 30 条经验向全国推广，供各地学习借鉴。

2023 年 7 月，住建部发布《关于扎实有序推进城市更新工作的通知》（建科〔2023〕30 号），对未来城市更新做出了长远的政策安排，指出要提高城市规划、建设、治理水平，推动城市高质量发展。文中指出，要坚持城市体检先行、发挥城市更新规划统筹作用、强化精细化城市设计引导、创新城市更新可持续实施模式、明确城市更新底线要求。

（二）地方层面

2021 年起，大量城市出台了城市更新政策，其中，京津冀、长三角、珠三角、成渝等城市群的一、二线城市出台的相关政策数量较多。

城市更新政策类型包括更新条例、管理办法、实施意见、操作细则、专项规划、操作规范等。其中，北京、上海、深圳出台了城市更新条例，分别从城市更新规划、城市更新主体、城市更新实施要求、实施程序、城市更新保障、监督管理等方面对城市更新提供了法治保障，指出城市更新工作遵循规划引领、民生优先，政府统筹、市场运作，科技赋能、绿色发展，问题导向、有序推进，多元参与、共建共享的原则，实行"留改拆"并举，以保留利用提升为主。

青岛市于 2022 年发布《青岛市城市更新和城市建设三年攻坚行动方案》，要求按照"一年重谋划、两年快起步、三年见成效、五年大变样"的总体部署，坚持问题导向、需求导向、目标导向、效果导向，统筹实现土地集约利用、特色风貌传承、产业空间拓展、城市功能完善、交通安全畅通、生态环境优美、人居环境提升等目标，全面推动更高水平宜居宜业。聚焦市民需求迫切的基础设施建设，聚焦重点低效片区（园区）升级改造，聚焦为产业升级提供空间载体，开展八大攻坚行动。

（三）城市更新的行动方式

2023年7月，住建部在总结第一批试点城市的经验基础上，发布了《关于扎实有序推进城市更新工作的通知》，对如何推进城市更新工作做出了部署。文中指出要坚持底线要求，城市体检先行，规划统筹，设计引导，可持续实施。

其中，底线要求主要包括坚持"留改拆"并举，防止大拆大建；加强历史文化保护；坚持尊重自然、顺应自然、保护自然；坚持统筹发展和安全。

城市体检是通过综合评价城市发展建设状况，有针对性地制定对策措施，优化城市发展目标，补齐城市建设短板，解决"城市病"问题的一项基础性工作。2022年7月，住建部发布的《关于开展2022年城市体检工作的通知》指出要推动建立"一年一体检、五年一评估"的城市体检评估制度，并给出了城市体检指标体系，包括生态宜居、健康舒适、安全韧性、交通便捷、风貌特色、整洁有序、多元包容、创新活力8个方面，69项指标。城市体检是查找影响城市竞争力、承载力和可持续发展的短板弱项，是引导下一步城市规划设计及更新实施的一项重要工作。

规划统筹中的规划主要指城市更新专项规划和相关控制性详细规划，其中，城市更新专项规划是城市更新的总体安排，控制性详细规划是城市更新项目具体实施的规划依据、是更新项目实施方案的编制依据。其制定时需结合当地国民经济和社会发展规划、城市总体规划、国土空间总体规划、产业发展规划等及城市体检结果进行。

设计引导指以精细化的城市设计方案规范引导更新项目的实施，提高城市安全韧性和精细化治理水平，具体包括建筑、小区、社区、街区、城市五个维度。

可持续实施要求以经营城市的理念进行城市更新。其运作模式主要为探索政府引导、市场运作、公众参与的模式，实施过程中问需于民、问计于民、问效于民，将公众参与贯穿于全过程，实现共建共治共享。各地的具体做法主要是市政府统筹全市的城市更新工作；市级城建部门负责制定相关政策、标准、规范；市自然资源及规划部门编制城市更新相关规划，制定有关规划、土地政策；其他部门按照职责做好相关工作；区（县）政府统筹推进、组织协调和监督管理本行政区域内城市更新工作；街道办组织辖区内的更新工作，梳理资源，搭建共建、共治、共享平台，调解纠纷；居委会组织居民参与。经济发展可持续性方面包括财政支持、金融机构信贷支持、市场化投融资、居民出资共担等方式，拓宽资金渠道，健全多元投融资；通过土地用途兼容、建筑功能兼容等存量利用和支持，实现统筹存量资源利用。

五、城市更新背景下的示范新区基础设施

随着我国城市建设进入以提升质量为重点的转型发展新阶段，城市更新的内涵从大规模增量建设转为存量提质改造和增量结构调整，做到在建设中更新，保持城市新陈代谢的持续性。

上合示范区的前身为36.7平方千米的胶州经济技术开发区和24.4平方千米的概念性规划新区，胶州经济技术开发区于2012年已经进行路网规划与建设，2018年中国–上海合作组织地方经贸合作示范区概念的提出，使该区域内部分基础设施已不能满足上合示范区国家级别新区的发展要求，同时新区在实际建设中不可避免地会遇到基础设施与实际需求不匹配的问题，如果在城区建成后再进行更新改造，会面临巨大的成本问题，而新区建设中的同步更新则会节省成本，提高效率。

第二章

≪ 上合示范区的背景介绍

第一节　发展过程

2018年10月，中国-上合组织地方经贸合作示范区核心区举行集中开工仪式。这是示范区核心区首批建设项目，总投资437亿元。26个项目的动工，标志着示范区建设正式启动。

2019年5月，商务部正式复函，支持青岛创建全国首个中国-上海合作组织地方经贸合作示范区。该示范区将按照"物流先导、跨境发展、贸易引领、产能合作"的发展模式，积极探索与上合组织国家经贸合作模式的创新，形成可复制、可推广的上合组织地方经贸合作经验做法，全力打造面向上合组织国家的对外开放新高地。

上合示范区在服务国家对外工作大局、强化地方使命担当方面具有重要政治意义。国务院在《中国-上海合作组织地方经贸合作示范区建设总体方案》批复中指出，按照党中央、国务院决策部署，上合示范区要打造"一带一路"国际合作新平台，拓展国际物流、现代贸易、双向投资、商旅文化交流等领域的合作，更好地发挥青岛在"一带一路"新亚欧大陆桥经济走廊建设和海上合作中的作用，加强我国同上海合作组织国家互联互通，着力推动形成陆海内外联动、东西双向互济的开放格局。

2020年11月10日，上合组织元首理事会宣言欢迎建设上合示范区的倡议。《上海合作组织成员国元首理事会莫斯科宣言》指出，成员国将继续加强地方合作，欢迎中方关于在青岛建设中国-上合组织地方经贸合作示范区的倡议，充分体现了成员国各方对上合示范区建设的支持、肯定和期待。

2020年11月30日，上海合作组织成员国政府首脑（总理）理事会第十九次会议联合公报显示，各代表团团长强调，支持共同研究在青岛建立上合组织成员国技术转移中心的问题。

2022年9月16日，上海合作组织成员国元首理事会在第二十二次会议上发表《上海合作组织成员国元首理事会撒马尔罕宣言》，表示"成员国将通过落实《上合组织成员国地方合作发展纲要》，举行并继续拓展上合组织成员国地方领导人论坛形式，包括有关国家利用青岛的中国–上合组织地方经贸合作示范区平台，进一步深化地方合作。"

第二节　远景目标

一、"十四五"时期经济社会发展主要目标

锚定 2035 年远景目标，经过五年的不懈奋斗，五城建设取得显著成效，中国–上海合作组织地方经贸合作示范区核心竞争力、国际影响力、要素吸引力持续增强，胶东经济圈一体化发展先行示范区建设取得实质性成效。经济发展新优势、对外开放新优势、科技创新新优势、先进制造业新优势、数字经济新优势、综合交通新优势基本确立，山东半岛综合交通枢纽地位更加凸显，更高水平开放型现代化上合新区建设取得突破性进展。

（1）中国–上海合作组织地方经贸合作示范区建设实现新突破。"一带一路"国际合作新平台作用充分发挥，国际物流、现代贸易、双向投资合作、商旅文化交流发展、海洋合作五大中心建设实现新突破，核心区 10 平方千米启动区基本建成，集聚大批"一带一路"沿线国家特别是上合组织国家的项目、资金、技术、人才。

（2）开放之区建设实现新突破，打造国家全方位高水平对外开放新高地。高标准协同推进中国–上海合作组织地方经贸合作示范区、临空经济区等重点功能区建设，打造对外连接"一带一路"沿线国家特别是上合组织国家、对内服务黄河流域高质量发展的高水平开放新高地。

（3）智造之区建设实现新突破，努力建成全省高质量发展示范区。全面增强创新能力，突破发展战略性新兴产业，转型升级传统优势特色产业，超前布局引领性未来产业，产业发展基础和产业链现代化水平显著提升，推进数字经济与实体经济融合发展，成为青岛打造世界工业互联网之都的新高地，在全省新旧动能转换中率先突破，走在前列。

（4）高效之区建设实现新突破，区域治理能力现代化水平显著提升。全面深化改革向纵深推进，政务服务环境持续改善，市场化、法治化、国际化营商环境持续

优化，市场主体活力持续增强，资源配置效率显著提升，不断擦亮"'胶'您满意、'州'到服务，'上'心服务、'合'您心意"营商环境服务品牌。

（5）品质之区建设实现新突破，展现现代、时尚的城市客厅新风貌。上合特质充分显现，城市空间功能进一步优化，城市基础设施日益完善，生态环境进一步改善，城区品质显著提升。

（6）幸福之区建设实现新突破，建成青岛环湾型国际大都市区宜居宜业活力新城区。城乡居民收入水平进一步提高，社会保障水平持续提升，养老托育和社会救助体系更加健全，城乡融合发展机制趋于完善，城市活力进一步释放。

（7）胶东经济圈一体化发展先行示范区建设实现新突破。与高密市、诸城市、寿光市等城市在现代服务业、先进制造和生态文化旅游等领域的合作不断深化，基础设施建设、产业协同发展、公共服务共享、开放合作共赢、环境共保联治和要素高效配置持续推进，成为经济新的增长极。

二、以中国—上海合作组织地方经贸合作示范区建设为统领，打造带动青岛高水平开放的强劲引擎

（一）加速推进中国—上海合作组织地方经贸合作示范区创新发展

深化体制机制创新。坚持市场化改革取向和去行政化改革方向，建立"管委会+公司"运行模式，实行大部制改革；以上合发展集团为主体，全面承接投融资建设、招商引资等业务。创新金融改革，争取在"搭建FT自由贸易账户""参与数字货币试点""金融机构境内贸易融资资产跨境转让"等方面先试先行。承接省级和青岛市级"负面清单制"放权事项，制定用权需求清单，加快形成政策清单，建立富有上合组织国家区域经贸合作特色的政策体系。

加快发展现代贸易。加快贸易业态创新，拓展贸易国别地区、突出政策创新集成，不断优化贸易功能标准环境，大幅提高与上合国家贸易占比，提高贸易结算融资便利化水平，建成与上合组织国家双边和多边贸易合作的示范区。加快推进与新华锦集团、山东港口集团等的合作，建设汽车整车及零部件、能源及原材料大宗商品平台。加大跨境电商招引力度，引进俄速通、速卖通、京东国际等大型电商企业在中国—上海合作组织地方经贸合作示范区内建设国际配送中心、海外仓等配套基地。与京东集团合作，申建网上"上合特色商品馆"，培育发展上合地方特色进口商品网上商铺。建立完善的服务贸易统计监测直报体系。鼓励企业与上合国家相关企业在软件信息、检测检验、研发设计、数据处理等服务贸易领域的合作。打造"一带一路"国际交流合作新平台，深度参与我国与"一带一路"沿线国家、周边国家的重大外交活

动，推动与上合组织成员国的经贸交流与合作。

畅通国际物流大通道。努力打造"齐鲁"号欧亚班列青岛集结枢纽，加密开行国内国际货运班列，拓展回程班列。开展海铁联运"一单式"改革，推动联运单证一体化、标准化、物权化、金融化，实现"一单到底"。探索"班列+贸易""班列+金融""班列+跨境电商"等模式，打造班列竞争优势。持续完善口岸功能，申建上合组织国家特色农产品进口指定监管场地，建设面向上合组织国家的粮食口岸。

扩大双向投资合作。深化与"一带一路"沿线国家和地区的双向投资合作，发挥"一带一路"（青岛）中小企业合作区作用，打造"一带一路"国家投资合作重要载体，重点围绕新材料、生物医药、人工智能、高端装备制造等领域开展合作。拓展城市间合作网络，推进与上合组织国家友好城市和上合国家城市间经济合作伙伴城市建设。加强与俄罗斯、乌克兰、哈萨克斯坦、乌兹别克斯坦、印度等国家在海洋监测、农业、生物医药、生命科学等领域的合作，推动与中白工业园、中启柬埔寨农业科技园等境外园区的合作。加强在信息共享、双向投资方面的交流。制定对外投资贸易便利化政策，支持优势企业走出去开展产能合作，推动上合复星时光里文化科创区、吉利卫星互联网等新签约项目的开工建设。

推动商旅文化交流。举办更多具有影响力的会议、论坛、展会等活动，深化与上合组织国家地方间在法律、教育、卫生、影视、出版、旅游、文化、体育、托育等领域的交流合作。建设上合经贸学院，打造与"一带一路"沿线国家特别是上合组织国家开展经贸和国际科学合作的开放式平台。建立上合组织成员国技术转移中心。利用青岛144小时过境免签政策，设计开发过境中转游客旅游线路。开发利用历史文化遗产，联合打造具有丝绸之路特色的旅游产品。

深化海洋领域合作。重点在海洋资源利用、海洋生态保护、海洋人才培育、国际海洋合作交流平台搭建等方面开展研究。集聚海洋合作资源要素，建设海洋联合实验室和研究中心、海洋生物医药资源库，推动成立国际水产养殖科技与产业发展联盟。加大涉海高端项目招引力度，鼓励企业在东南亚、中亚、西亚和非洲国家发展海外渔业生产基地。举办中国国际渔业博览会、青岛国际海洋科技展览会、东亚海洋博览会等活动。支持设立国际仲裁机构，开展海事仲裁业务。

（二）全力支撑保障中国-上海合作组织地方经贸合作示范区发展建设

完善基础设施建设。推进中国-上海合作组织地方经贸合作示范区外联通道建设，提升中国-上海合作组织地方经贸合作示范区与胶州主城区、临空经济区、西海岸新区、潍坊等区域的互联互通。推进尚德大道、黄河路、长江路等道路进行景观提升改造，完善市政工程配套设施。制定示范区生态标准化体系，打造"一廊一湖一线一湿地"生态修复及生态保护工程，提升园区自然生态系统生态功能，推进生态文明园区建设，全面提升生态环境品质和功能承载力。

推进重点功能载体建设。坚持"向地下要空间、向空中要效益"，加快推进上合国际培训中心、双创中心、金融中心、跨境电商产业园、国博中心、上合风情街、金湖文旅综合体等重点功能载体项目建设。加快完善教育医疗配套设施建设，统筹布局重大公共文化设施、全民健身中心等项目，争取布局一所三甲医院，全面提升中国–上海合作组织地方经贸合作示范区发展品质。加强社区养老托育等生活服务配套，积极引进商业设施，丰富生活性服务业业态布局。

建立健全协同共进工作机制。厘清权责关系，培养协同意识，实行示范区"吹哨"部门"报到"，做到胶州服务示范区发展"零距离"。探索协作任务清单制度，建立产业协同推进机制，全力支持上合示范核心区发展壮大主导产业，协同配套和完善相关产业链和供应链。做好上合示范核心区社会事务保障，强化用地保障。

到 2025 年，国际物流、现代贸易、双向投资合作、商旅文化交流发展、海洋合作五大中心建设实现新突破，上合示范核心区多双边贸易体系创新试验区取得明显成效，高端产业发展聚集效应明显，改革开放政策示范实现重大突破，现代化生态国际新城基本框架初步形成。

第三节　区域概况

一、区域总体规划

中国–上海合作组织地方经贸合作示范区，旨在打造"一带一路"国际合作新平台，拓展国际物流、现代贸易、双向投资合作、商旅文化交流等领域的合作，更好发挥青岛在"一带一路"新亚欧大陆桥经济走廊建设和海上合作中的作用，加强我国同上合组织国家互联互通，着力推动东西双向互济、陆海内外联动的开放格局。

上合示范区建设秉持"生态优先、底线控制""制度创新、开放引领""需求导向、精明增长"理念，着力构建"一个核心区+三个片区"总体发展格局，重点承载"上合窗口"职能。

一个核心区：上合示范区核心区，规划面积 61.1 平方千米，是上合管理服务中枢、展示区、体验区，承接现代贸易、双向投资、商旅文合作功能。

三个片区：空港综保区，规划面积3.7平方千米，承接区域物流、现代贸易功能；陆港片区，规划面积15.4平方千米，承接区域物流、现代贸易、双向投资；机场南片区，规划面积27.9平方千米，承接现代贸易、双向投资功能。

二、区域建设规模

（一）青岛及胶州市建设规模与人口规划

现状上合示范区建设处于起步阶段，建设规模较小，已建、在建与已批代建用地较少，现状已建用地二类工业用地以及仓储物流用地比重较大，且布局较分散，主要集中分布于示范区北部、西部以及西南部。

现状强度偏低，用地效率有待提升。根据上合示范区新的战略部署与发展要求，现状用地开发强度偏低，现状已出让用地平均容积率为1.39。

目前，青岛市市域人口正在向环胶州湾周边集中，青岛市、胶州市人口增长明显，增速呈"东南高西北低"的发展态势。胶州近四年人口持续增长，增长率缓中有降，至2018年人口数量已达到90.05万人，常住人口城镇化率已超过60%。

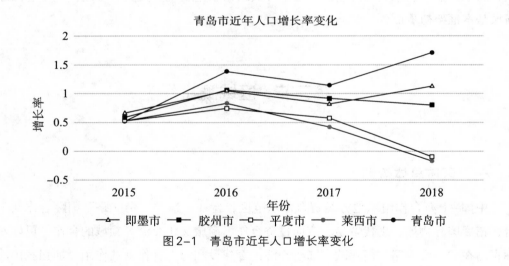

图2-1 青岛市近年人口增长率变化

表2-1 胶州市2015～2018年人口数量及增长率变化情况

年份	人口数（万人）	增长率（%）
2015	87.6	0.57
2016	88.52	1.05

年份	人口数（万人）	增长率（%）
2017	89.33	0.92
2018	90.05	0.80

上合示范区东部片区（原胶州经济技术开发区）人口数量同样逐年上升，但尚未出现人口虹吸效应。上合示范区现状常住人口3.73万人，工作人口2.62万人，职住比70.3%，总体来看，岗位分布相对分散。以胶州湾高速为界将上合示范区划分为东、西两区，其中，东区常住人口2.3万人，工作人口1.97万人，职住比85.5%；西区常住人口1.43万人，工作人口0.65万人，职住比45.9%。

综合上合示范区战略和青岛特大城市的发展需求，结合规划区用地总体条件，应考虑未来该区域产业聚集加速、人口虹吸效应出现的可能性。

（二）上合示范区建设规模及人口规划

建设规模：上合示范区规划用地总面积约60.7平方千米，其中城市集中建设区面积约43.96平方千米，城市建设用地约41平方千米。规划地上开发建筑规模约3 300万平方米，远期对区域用地进行物流功能置换后规划规模为4 000万平方米。规划毛容积率达到0.8，远期对区域用地进行物流功能置换后达到1.0。

人口规模：居住人口近期预计15万人，远景年预计20万人；就业岗位近期预计40万人、远景展望预计50万人。

第四节　土地利用规划

一、青岛市城市总体规划

根据《青岛市城市总体规划（2011—2020）》中相关内容，青岛市规划形成"一轴（大沽河生态中轴）、三城（胶州湾东岸城区、北岸城区和西岸城区）、三带（滨海蓝色经济发展带、东岸烟威青综合发展带、西岸济潍青综合发展带）、多组团"的空间布局结构。

二、上合示范区城市总体规划

规划构建战略引领、复合高效、蓝绿交织、创新融合的城市格局，实现"一轴一廊，一主多片"的空间结构。

一轴：环湾功能联动轴（交大大道）。

一廊：上合印象体验廊（跃进河—如意湖）。

一主：上合示范核心（国际客厅）。

多片：国际化社区、教育合作片区、战略性新兴产业集群、双向投资产业园区。

横向规划路、纵向规划路位于上合印象体验廊，是上合示范区重要发展轴线。

根据《上合示范区核心区城市总体规划》成果，上合示范区城市建设用地总用地面积4 061.9公顷。商业服务业设施用地154.2公顷，占比3.80%；公共管理与公共服务设施用地697.9公顷，占比17.18%；居住用地621.3公顷，占比15.30%；城市道路用地473.0公顷，占比11.64%；物流仓储用地247.0公顷，占比6.08%；工业用地1 119.5公顷，占比27.56%；公共设施及安全设施用地49.1公顷，占比1.21%；绿地与广场用地700.0公顷，占比17.23%。

根据上合示范区城市总体规划，横向规划路、纵向规划路沿线主要以工业用地和防护绿地为主，整体开发强度较低。

三、上合示范区核心区城市设计

根据《上合示范区核心区城市设计》成果，上合示范区核心区规划总用地1 178.79公顷，总建筑量1 467.9万平方米。各类用地性质及占比如表2-2所示。

表2-2 核心区用地性质一览表

代码	用地类别名称	用地面积（公顷）	用地占比
B1	商业用地	51.64	4.38%
B2	商务用地	159.58	13.54%
B1/B2	商业商务混合用地	14.34	1.22%
A2	文化设施用地	15.90	1.35%
B2/S3	商务/交通混合用地	4.19	0.36%

续表

代码	用地类别名称	用地面积（公顷）	用地占比
R/B1	商住混合用地	43.94	3.73%
R	居住用地	116.56	9.89%
A33	中小学用地	16.13	1.37%
A5	医疗卫生用地	12.69	1.08%
A35	科研用地	32.98	2.80%
A8	外事用地	27.40	2.32%
A1	行政办公用地	8.66	0.73%
M	工业用地	100.88	8.56%
G	绿地	175.67	14.90%
E1	水域	191.47	16.24%
S1	道路	206.77	17.54%
	合计	1 178.79	100%

第五节　区域交通发展规划

一、区域路网及节点运行评价

上合示范区现状道路交通流量较少，路网及节点整体运行状况良好。主要过境通道交通量普遍较大，如胶州湾高速、交大大道等，日均过境交通量约 4.7 万人次。其他区域内部道路流量较小。

图2-2 上合示范区现状路网流量图

二、区域道路交通规划

（一）胶州市综合交通规划

规划构建胶州市全市布局合理功能清晰的道路网络，打造"十二横、十二纵、十五连"干线路网格局。共涉及6条高速公路、20条普通干线公路、3条城市快速路，26条城市主干路，总规模957.3千米，干线道路密度达到72.3千米/100平方千米。其中，高速公路139.9千米，普通干线公路401.2千米，城市快速路70.6千米，城市主干路345.6千米。

规划构建上合示范区分层分级、通达有序的道路网系统，打造"十一纵四横二放射"干线道路网络，共涉及4条高速公路、5个收费站，4条普通干线公路，1条城市快速路，10条城市主干道。

十一纵：生态大道东线、和谐大道、交大大道、尚德大道、机场西快速路、青兰高速、温州路、G204、九城路、沈海高速、柳州路南延。

四横：营宋路—渭河路—G228、黑龙江路、长江路、东西大通道（S219）—湘江路。

二放射：胶州湾大桥胶州连接线、济青中线。

根据《胶州市综合交通规划》，横向规划路、纵向规划路规划为城市支路，主要解决地区内交通，以服务功能为主。

（二）上合示范区总体规划中综合交通规划部分

南北向主干路包括交大大道、尚德大道、温州路、G204 国道、梧州路等，兼顾区内出行及胶州、黄岛城市交通联系。

东西向主干路包括湘江路、长江路、黑龙江路、青河路—双积公路等，其中双积公路承担片区与红岛的城市交通联系。

根据《上合示范区总体规划》，横向规划路、纵向规划路规划为城市支路。

三、区域轨道交通规划

根据《青岛市城市轨道交通新版线网规划修编（2018 年）》的相关内容，青岛市 2035 年线网全长约 970 千米，由 21 条轨道交通快线与市区轨道交通线组成。其中，轨道交通快线包括 8 号线（60.7 千米）、8 号线支线（23.4 千米）、10 号线（55.6 千米）、11 号线（83.3 千米）、16 号线（54.3 千米）、12 号线（18.8 千米）、13 号线（68.9 千米）、15 号线（45.5 千米）、16 号线（65.8 千米）、18 号线（43.2 千米）、19 号线（65.6 千米），共计 11 条线，合计总长度为 585 千米。市区轨道交通线包括 1 号线（41.6 千米）、2 号线（37.4 千米）、3 号线（24.8 千米）、4 号线（30.7 千米）、5 号线（38.6 千米）、6 号线（57.4 千米）、7 号线（54.4 千米）、9 号线（37.9 千米）、21 号线（31.7 千米）、22 号线（30.3 千米），共计 10 条线，合计总长度为 385 千米。

青岛轨道交通三期建设计划共计 7 个项目。现有轨道延伸三个项目，分别为 2 号线二期（东延）、6 号线二期（南段）、7 号线二期（北段）；新建轨道 4 个项目，分别为 5 号线一期、9 号线一期、15 号线一期、12 号线一期。

四、轨道交通建设情况

青岛市已批复 9 条线路，全长 363 千米。其中城轨共 7 条线路，全长 231.7 千米；城际共 2 条线路，全长 127.3 千米。

目前，4 条线路已建成，线路总长 172 千米；3 条线路在建，线路总长 157 千米；1 条线路待建，线路总长 30.3 千米。

<h2 style="text-align:center">第六节　地下空间规划</h2>

　　根据《上合示范区核心区地下空间控制性详细规划》，上合示范区核心区地下空间融合立体交通、公共服务、绿色市政、智慧管理等综合功能于一体，构建地上地下协调发展的立体城市空间。结合上合示范区的空间发展以及地下空间使用的具体需求，规划形成"一轴、一街、一核、五心、十一片"的地下空间总体布局。

　　规划协调立体组织的地下车行系统、多元复合的地下人行系统、站城结合的公共服务系统、集约低碳的地下市政系统、智慧新型的地下物流系统等五大系统，通过地下2~3层的开发，打造立体化、复合化，具备多个层次的地下空间。地下一层以

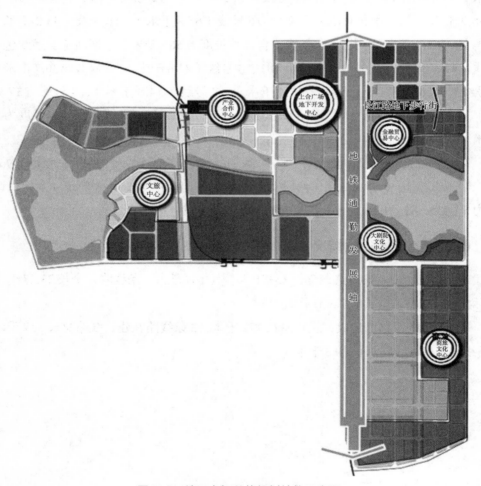

图2-3　地下空间总体规划结构示意图

商业服务、人行连通、能源及管理中心、智慧创新设施等公共服务功能为主；地下二层重点布局地下环路、轨道站点、地下停车等功能；地下三层包含综合管廊、轨道线路、地下停车等功能。

规划地下总开发规模约 550 万平方米，其中地下公服及人行设施总规模约 60 万平方米，地下停车设施总规模约 432.2 万平方米，地下隧道及环路总规模约 24.5 万平方米，地下轨道设施总规模约 14.5 万平方米，市政综合管廊、雨水调蓄等地下市政设施总规模约 18.8 万平方米，地下人防总规模约 84 万平方米（暂不纳入）。

第七节　市政管线规划

由于上合示范区各专业专项规划正在编制，区域规划根据《胶州经济技术开发区启动区控规研究》进行编制。

一、电力工程规划

（一）负荷预测

规划区总用电负荷预测为 725 万千瓦。

（二）电源规划

规划 220 千伏变电所二座，用地面积控制在 18 000 平方米，主变容量为 3×240 兆瓦；规划 110 千伏变电站 11 座，主变容量为 $2 \times 50 \sim 3 \times 50$ 兆瓦，用地面积控制在 3 000 平方米，采用户内式。10 千伏中压采用环网供电方式，开环运行。

（三）高压走廊

220 千伏、110 千伏高压走廊宽度分别控制 35 米、25 米，110 千伏核心地段电缆沟敷设，一般地段架空敷设。

控规未明确管线容量，在征求电力管线权属单位意见后，容量按 8+2 孔考虑。

二、通信工程规划

（一）电信容量预测

固定电话预测需求量为 14 万门，移动电话为 24.8 万门。规划区电信与宽带网线路入户率为 100%。

（二）局所设置

规划区在长江路南侧设置综合通信（电信局、移动交换局、广电分中心）用地一处，占地控制在7 500平方米，结合社区中心及公建建设电信模块局12个，各小区和公建预留光缆接入点。规划40个移动通信基站，基站尽量采用单杆合建站设置于绿地、停车场等空地建设，或以屋顶设置天线的方式建设。

（三）电信管网

通信线路全部采用地下管道敷设方式，通信线路原则上沿道路西、北侧敷设，主干通信管道为16 ~ 24孔。

控规未明确管线容量，在征求通信管线权属单位意见后，容量按9孔考虑。

三、排水工程规划

（一）雨水工程规划

根据《中国–上合组织地方经贸合作示范区排水专项规划》（2021—2035年），上合示范区雨水系统包括北部雨水系统、南部雨水系统及西部雨水系统。规划道路属于西部雨水系统，雨水收集后最终排至跃进河。

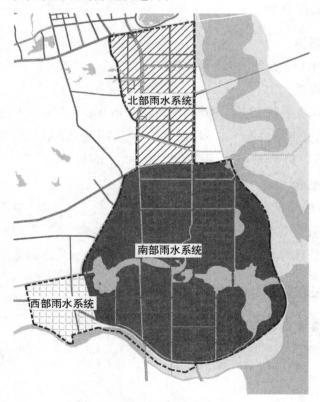

图2-4　上合示范区雨水系统分区

（二）污水工程规划

根据《中国–上合组织地方经贸合作示范区排水专项规划》（2021—2035 年），上合示范区污水系统包括北部污水系统、南部污水系统。其中，上合示范区西片区污水接入南部污水系统，保税物流区污水接入北部污水系统。

根据《上合示范区西部排水规划（初稿）》，横向规划路与纵向规划路收集上游转输及地块污水后分别自西向东、自南向北接入现状污水管道，最终排至上合示范区南部污水处理厂集中处理。

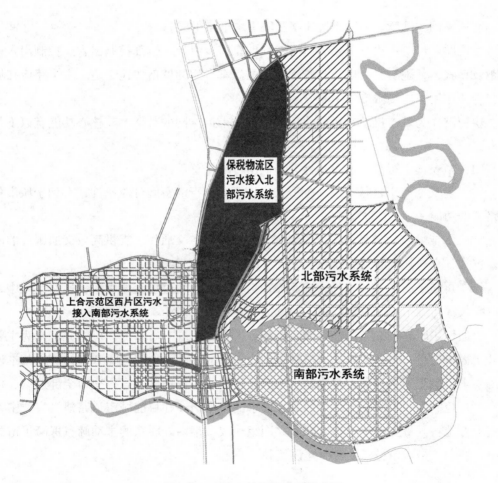

图 2-5　上合示范区污水系统分区

第三章

≪≪≪ 骨架路网建设　升级交通主动脉

交通路网主动脉，由城市快速路及城市主干路组成。

主干路：设有中央分隔带，具有双向四车道及以上，全部控制出入、控制出入口间距及型式，并配有交通安全与管理设施的汽车专用的城市快速干道。主干路应在城市起骨架作用，连接城市各主要分区。

快速路作为城市机动车辆的快速通道和城市道路网的骨架，其核心功能有以下几个方面。

（1）从整体上提高交通可达性，降低出行时耗总量。

（2）对交通需求进行分解，创造长、短距离出行的空间分流条件，有利于城市各级路网的功能发挥。

（3）形成城市大容量快速交通走廊，在为城市各交通片区提供高效交通服务的同时，也为各交通片区起到屏障和交通疏导作用。

（4）屏蔽或分流过境交通，提高城市运输效率，将过境交通引入快速路系统中，可以大大提高城市的运输效益和运行质量。

交通性主干路的交通功能与快速路相近，设计标准有所降低。可将其定义为主要服务于大交通量、中长距离的通过性机动交通，能够满足中间分隔和直行交通基本连续的要求，但受到各种条件限制，不能满足快速路设计速度、直行交通全部连续、控制出入、控制出入口间距的一个或数个要求的主干路。在目前城市道路建设实践中，有些地方也将其称为准快速路。两者共同组建成城市内外联系的主动脉，保障了市民的出行便利，是城市更新的首要建设任务。

第一节　快速路提质升级

本节以上合大道（生态大道至正阳西路）为例，介绍快速路的提质升级建设方案。

一、上合大道简介

上合大道串联了上合示范区、大沽河旅游度假区、临空经济示范区，与北部快速通道、西部沈海高速、南部东西大通道等路网共同构成胶州市内通外联的交通系统大框架，是青岛市西岸城区重要的南北向通道，是胶州市综合交通规划中"11纵12横15连"干线路网的重要一"纵"。在力促胶州崛起、展示中国形象等方面具有重要意义，是国际化、现代化、智慧化的对外门户大道、产业发展大道、迎宾景观大道，是城市发展风貌、生态保护风貌的展示大道，是胶州历史文明、青岛海派文化的传承大道。

上合大道南起生态大道，在上合示范区内利用规划交大大道线位布置（现状交大大道拓宽改造），向北下穿青连铁路，上跨胶州湾高速后顺接大沽河旅游度假区范围内规划营旧路（现状营旧路拓宽改造），在正阳西路以北沿大沽河堤顶路西侧规划营旧路线位布置，在兰州路以北进入临空经济区范围，向北为避让南庄村住宅，在规划营旧路线位东侧布置线位，继续向北衔接规划南六路线位，沿机场高速西侧布置，地面道路顺接北部快速通道辅路与现状航安路交叉口，通过新建匝道衔接946互通立交后进入机场路高架主线，终点至胶东国际机场航站楼，全长约26.7千米。通过对现状交大大道、现状营旧路拓宽改造，依据规划营旧路、规划南六路线位新建道路，向南衔接生态大道，向北直接衔接机场，形成胶州市区东部贯穿南北的骨干道路。

此外，为形成与地铁和常规公交在功能上错位发展、相互补充的交通体系，提升公共交通吸引力和竞争力，改善居民出行结构，引导城市公交优先发展，助力现代化上合新区建设，胶州市有必要规划建设中运量公交系统，上合大道道路工程将于近期实施，根据胶州市中运量规划初步成果，在上合大道敷设L1线。

二、交通需求分析

本次设计采用"四阶段"预测法对道路网络整体进行预测（图3-1），结合社会经济发展预测、城市土地使用规划等因素得到片区路网的交通流量预测值。

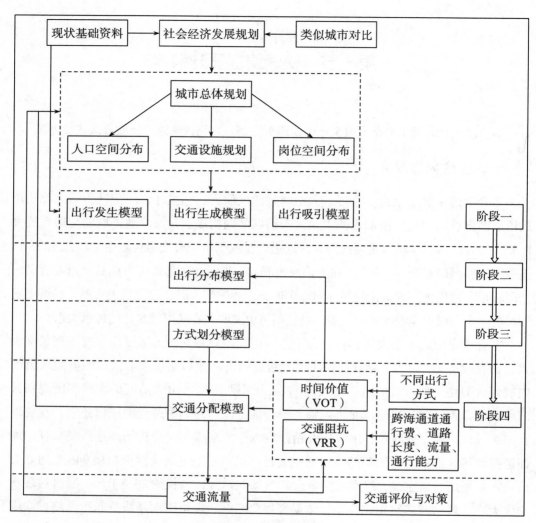

图 3-1 技术路线图

预测结果有如下内容。

（一）标准段

表 3-1 标准段预测结果

道路	路段	路段最大预测交通量（标准车当量数/小时）
上合大道	正阳西路—胶马路	2 500～2 800（含货运车辆约 1 340）
	胶马路—渭河路	2 300～2 600
	渭河路—辽河路	2 300～2 500

（二）分离立交

分离预测结果如表3-2所示。

表3-2 分离立交预测结果

道路	分离立交	主路最大预测交通量 （标准车当量数/小时）	地面辅路最大预测交通量 （标准车当量数/小时）
上合大道	滦河路节点地道	1 600～1 800	400～600
	渭河路跨线桥	1 600～1 800	600～800
	洮河路节点地道	1 700～1 900	400～600
	黑龙江路节点地道	1 400～1 500	850～1 050
	闽江路跨线桥	1 700～1 800	500～700

（三）重要节点

预测得到远期上合大道—胶马路、上合大道—渭河路、上合大道—洮河路、上合大道—黑龙江路、上合大道—生态大道节点流量流向。

预测远期渭河路、洮河路、黑龙江路节点交通总流量为5 000～7 500标准车当量数/小时，且南北向直行占比40%以上，需考虑立体分离措施保证节点通行效率与服务水平。

胶马路、生态大道节点与胶州主城区方向为主要流向，其中，上合大道南进口左转生态大道方向为货运疏解通道。

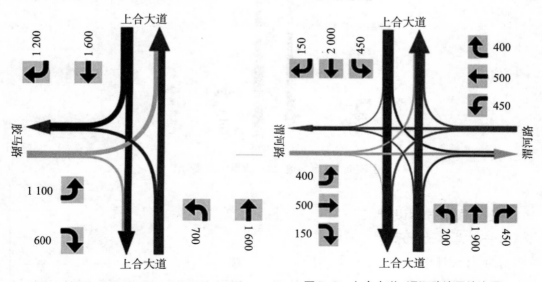

图3-2 上合大道-胶马路流量流向图　　　　图3-3 上合大道-渭河路流量流向图

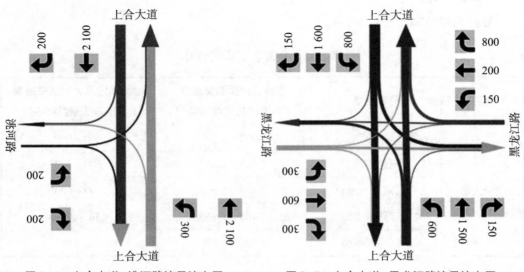

图 3-4　上合大道-洮河路流量流向图　　　　图 3-5　上合大道-黑龙江路流量流向图

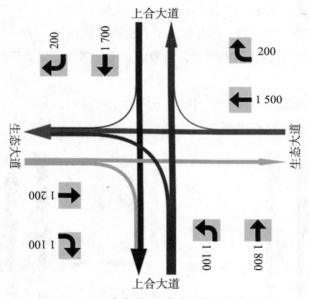

图 3-6　上合大道-生态大道流量流向图

三、总体方案设计

（一）总体设计原则

1. 总体设计思路

通过对本项目特点、重点及难点的理解，以及本项目在城市路网中的地位和作用，结合现状道路、沿线地形、地质、水文等自然条件，提出总体设计思想。

（1）立足网络，体现可持续发展。

（2）以人为本，强调交通平衡。

（3）工程与环境的协调与和谐。

（4）经济合理。

2. 设计原则

基于上述设计思想，本工程总体方案设计原则有如下几个方面。

（1）以《胶州市城市总体规划（2015年—2030年）》以及其他专项规划为指导，以上合大道建设工程功能定位为基础，确定本工程总体方案，实现规划总体意图和功能需求。

（2）立足于城市路网规划，充分考虑主要交通流向，并充分考虑总体方案对既有路网的影响，使得总体方案有助于充分发挥路网整体运行效率，并与沿线片区的发展相协调。

（3）注重工程与环境的协调，合理布置断面，尽量减少工程用地，减少征地拆迁。

（4）坚持科学态度、积极创新，采用新工艺、新技术、新材料。

（5）符合安全、环保的要求，减小对工程沿线既有建筑物、环境的影响。

（6）坚持需要与可能相结合的原则，充分考虑工程实施的可能性，尽可能采用减少投资的措施以及尽可能对现状结构物加以利用，以求最佳的投资效果。

3. 通行目标

考虑本项目串联胶州多个组团，且为上合示范区、胶州市主城区通往机场的常速通道，为实现"组团间15分钟内可达、上合至机场30分钟出行圈"等交通目标，本项目除受条件限制的节点外，在主要交叉口设置分离式立交，使主线直行交通能快速通过，转向交通通过辅路信控路口实现；次要交叉口右进右出，通过辅路信控路口进行左转和调头。

（二）功能定位

1. 是引领胶州城市发展的门户大道

上合大道通过与交通骨干路网的衔接，向南连接昆仑山路穿过青岛市自贸区、前湾港区联系西海岸新区，向西通过东西大通道连接乡村振兴示范区、辐射潍坊地区，向东通过正阳西路、跨海大桥联系东岸城区，对接烟台、威海，进一步带动区域融合发展，使上合新区成为中国北方对外开放的新地带、环湾发展的核心。

2. 是串联胶州湾西部各个组团的南北向大道

上合大道是胶州湾西部南北大通道的重要组成部分，在完善胶东国际机场集疏运体系，加强胶州、平度、西海岸之间联系具有重要意义。胶州湾西部南北大通道，南起西海岸新区滨海公路，北至 S218 与 S217 相交处，由昆仑山路、上合大道、规划营旧路、S217 组成。根据南北大通道沿线组团布局与交通结构，胶东国际机场以南（上合大道、昆仑山路）为客运快速通道，部分路段兼顾货运出行；机场以北（规划营旧路、S217）为货运通道，兼顾客运出行。因此，上合大道是南北大通道系统中快速客运通道的重要组成部分，同时服务机场交通对外集疏散。

3. 是构建胶州市交通系统框架的交通大道

根据胶州市"一核三区"城市空间布局，胶州市未来主要的发展热点将是上合示范区核心区、临空经济示范区、品质城市示范区。本工程上合大道北接胶东机场、临空经济示范区（南部商务核心区），中央穿越品质城市示范区（少海新城），南端与上合示范区核心区联系，并可以无缝衔接西海岸新区主干路网。因此，上合大道作为胶州市南北向交通主通道，实现了胶州重点片区的连通，对支撑城市发展和空间布局的展开具有重要意义。

根据胶州市综合交通规划的分析，上合大道处于南北向重要交通走廊，上合示范区与海尔大道以东、兰州路以南区域最大截面流量可达 4.2 万人次/天，海尔大道以东、兰州路以南区域与南部临空经济区的最大截面流量可达 6.1 万人次/天。上合大道高效衔接了重大组团，承担了重要的交通功能，路段饱和度在 0.5 ~ 0.7。

4. 是支撑沿线产业开发的产业大道

东部沿河、临湖、滨海的极致生态环境，链接机场、临空经济示范区、少海国际科创新城、上合示范区核心区等城市资源，是胶州展示城市形象、汇聚核心资源的发展廊道。其以交通配套为支撑，促进沿线产业开发，有效吸附青岛主城区和西海岸新区流量，承接北京、上海头部企业外溢，是打造青岛现代产业先行城市和国际化创新型城市建设的几何中心。

（三）服务对象

生态大道—胶马路：客运交通（小型客车、中运量、常规公交等）；胶马路—正阳西路：客运交通（小型客车、中运量、常规公交等）、货运交通。

四、总体方案

（一）上合大道全线总体布置

结合货运通道、全线功能进行定位分析，上合大道全线总体方案有如下内容。

上合大道全线长约 26.7 千米，其中北部快速通道至机场航站楼段长约 4.8 千米，为现状机场路段，予以利用进行衔接；闽江路至辽河路段交大大道长约 4.4 千米，正在施工建设；正阳西路至北部快速通道段长约 7.6 千米，为新建道路，正在施工建设；其余路段为现状营旧公路，长约 9.9 千米，为本次工程建设范围。

除新建段正阳路、扬州路受建设条件限制，采用东西下直行分离外，全线主要路口均规划设置南北向分离立交，次要路口采用右进右出的交通方式，可实现"组团间15分钟、上合至机场30分钟可达"的交通目标。

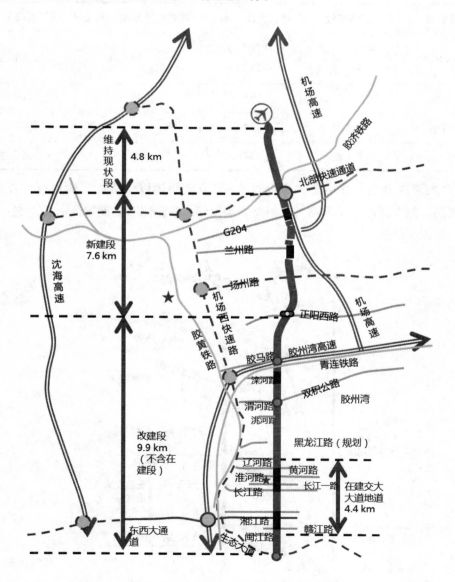

图 3-7　上合大道全线远期总体方案布置图

（二）本工程总体布置

上合大道（生态大道至正阳西路）为城市主干路，设计车速60千米/小时，标准段双向8/10车道（含内侧双向2车道中运量专用道）。本工程沿线分别与闽江路、辽河路、渭河路、滦河路、胶马路、正阳西路等主要道路相交。横向道路等级及规模如表3-3所示。

表3-3　横向道路一览表

道路名称	道路等级	现状宽度（米）	规划红线宽度（米）	规划道路规模
正阳路（S102）	城市主干路（一级公路）	西段37.5 东段24.5	30	双向6车道
胶马路	城市次干路	23	36	双向4车道
渭河路	主干路	39	44	双向6车道
生态大道	主干路	34	50	双向6车道

上合大道规划项目在生态大道设置南-西方向匝道以供货运车辆通行，在珠江路-闽江路、黑龙江路、洮河路、渭河路、滦河路、胶马路节点设置分离式立交。

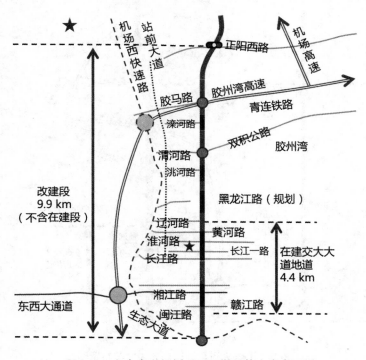

图3-8　上合大道规划项目远期总体方案布置图

结合两侧用地开发及路网建设时序，同时考虑交通量增加需求，本项目近期珠江路—闽江路、洮河路、黑龙江路、滦河路节点分离立交暂不实施，仅按标准段地面道路进行建设。闽江路、黑龙江路、洮河路近期采用信控路口，滦河路采用右进右出的交通组织方式。

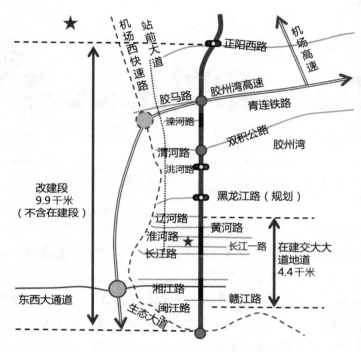

图3-9　上合项目规划项目近期方案总体布置图

（三）道路标准横断面

1. 生态大道—闽江路段

现状交大大道标准段双向 4 车道+硬路肩，中分带 2 米。红线宽度 70 米，道路宽度 23 米。近期该段采用地面道路形式，标准断面为双向 8 车道，中央分隔带 6 米（为远期跨线桥预留条件），设施带 2 米，慢行 4 米，道路宽度 47 米。

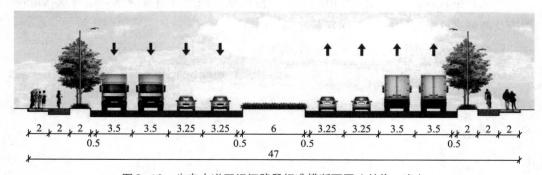

图3-10　生态大道至闽江路段标准横断面图（单位：米）

2. 辽河路—胶马路段

该段道路与上合大道正在建设路段采用相同断面，双向 8 车道（含中运量 2 车道），中央分隔带 5 米，设施带 2.25 米，慢行 4 米，道路宽度 47 米。

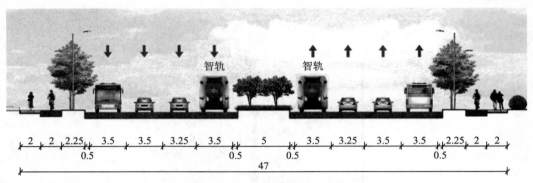

图 3-11　辽河路至胶马路标准横断面图（单位：米）

3. 胶马路—正阳路段

该段道路承担货运功能，且根据交通需求预测，远期货运需采用 2 条车道。考虑到上合大道定位较高，该段道路考虑客货分离。

考虑到胶马路至正阳路段道路沿线无建设地块及出入口，采用平面分离的方式可使货运交通一直行驶于道路外侧，向正阳路右转顺畅，与客运交通并无交织，为节省投资及用地，推荐采用平面分离方案。

4. 慢行补充

本项目慢行系统布置与北段在建的上合大道新建段保持一致，宽度仅 4 米，但道路两侧设置有 15～30 米的绿化带。由于本项目两侧用地以居住、商业等为主，为补充慢行空间，考虑在两侧绿化带内设置连续绿道。

（四）拓宽方案

本项目沿现状交大大道、营旧路布置，对现状道路进行拓宽改建。结合现状道路性质及两侧用地情况，分段拓宽方案有如下内容。

1. 生态大道—闽江路、辽河路—渭河路段

该段道路两侧均规划有建设用地，根据上位规划线位采用两侧拓宽的方式。

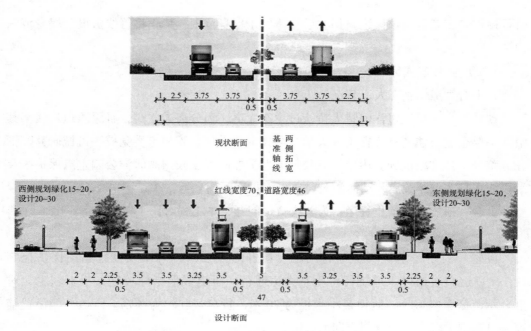

图3-12　拓宽方案示意图一（单位：米）

2. 渭河路—胶马路段

该段道路东侧设置有防浪堤，因此受其限制，道路向西单侧拓宽，现状堤顶路作为慢行道利用。

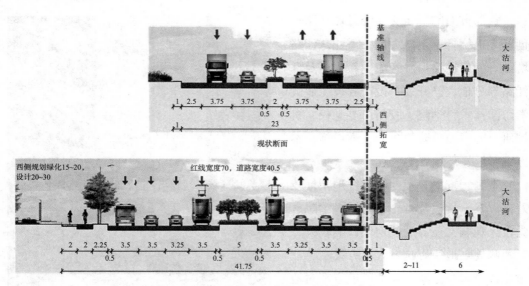

图3-13　拓宽方案示意图二（单位：米）

3. 胶马路—正阳路段

该段道路现状为以路代堤，东侧为大沽河河道，西侧为高尔夫球场。根据防洪评价预评审专家意见，该段道路拓宽后整体属于堤身范围，禁止将管线敷设于堤身范围内。

（五）重要节点方案

1. 上合大道—生态大道节点

现状上合大道通过洋河特大桥跨过生态大道，为分离式立交，且无匝道连接。其沿线主要企业及住宅有齐鲁工业大学海洋技术科学院、胶州市委党校、机械研究院青岛分院等多处文教设施。用地线有胶州湾保护控制线、胶州湾海洋公园重点保护区及海岸线，且节点距离胶州湾海洋公园重点保护区距离较近。

上合大道核心区禁止货运，为解决货运问题，本工程对比了三种方案。

方案一：环形匝道

设置一对匝道解决货运通行问题（避开海洋公园、海岸线及胶州湾保护控制线），货运交通通过匝道绕行至生态大道通行。匝道线形指标较好，投资较少，对上合示范区影响最小，匝道最小半径为 70 米，货车行驶较为顺畅。匝道外侧设置辅道，可实现生态大道与胶州方向的交通转向。

方案二：定向匝道

设置一对定向匝道解决货运通行问题，匝道均布置在西侧用地范围，用地集约、占地面积较小，但受用地条件限制，匝道最小半径为 52 米，线形指标较差。

方案三：绕行方案

黄岛方向的货运交通经过珠江路—创新大道绕行至生态大道，需在珠江路增设一处信控路口。考虑创新大道及珠江路部分地块已开发，设有齐鲁工业大学海洋技术科学院、胶州市委党校、机械研究院青岛分院等多处文教设施，本方案对地块环境影响较大。

本工程方案二定向匝道线形指标较差，方案三货运绕行，将对沿线学院、党校、观澜文苑等商住地块影响较大，对两侧规划地块影响较大。方案二、三为比选方案。方案一环形匝道方案对地块影响较小，且较大程度地满足黄岛方向的货运交通，因此推荐方案一，环形匝道方案。

图 3-14　货运绕行方案（比选方案）

该节点匝道采用单向单车道。路面宽度为9米，路基段匝道外侧各设置0.75米土路肩，结构段两侧各设置0.525米防撞体。

2.珠江路—闽江路节点

上合大道不仅是胶州市重要的南北通道，也是青岛市胶州湾西部南北大通道的组成部分，将承担组团间的过境交通需求。

因此，从整体通道的交通时效性考虑，珠江路—闽江路段设置高架连续跨越，可分离黄岛至机场方向的直行交通，保证上合组团范围直行与到发交通分离，是十分有必要的。

其主要服务黄岛至辽河路以北（少海、机场、平度等区域）的直行交通，对上合示范区内部交通出行服务功能较弱。

建议近期珠江路—闽江路段采用地面道路形式，闽江路设置信号灯，珠江路右进右出；远期待西海岸新区范围的昆仑山路实现连续后再实施该段高架，以保证南北大通道的快速通过功能。

该段地面道路采用6米中央分隔带，为远期跨线桥实施预留立墩条件。

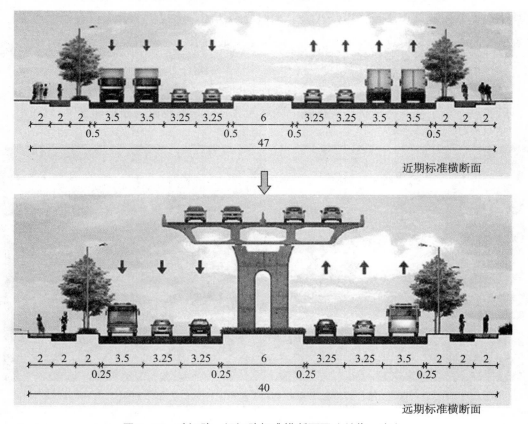

图3-15 珠江路—闽江路标准横断面图（单位：米）

3. 黑龙江路（规划）、洮河路节点

现状交大大道（浏阳河路—渭河路）西侧，道路沿线已有较多地块出让、开发，以嘉里物流、青岛贝特重工有限公司、中国民盛（青岛）科技园为代表的一系列企业已入住，存在车辆掉头需求。

黑龙江路（规划，现状未实施）：南侧约150米存在现状道路，近期采用地面信控路口，远期于黑龙江路（规划）设置地道节点，地面实现掉头。

洮河路：考虑渭河路至黑龙江路距离约2.26千米，路段中地块调头距离较长，洮河路增设信控路口。

4. 青连铁路节点

现状营旧路标准段双向4车道+硬路肩，中分带0.5米。红线宽度40米，道路宽度25.5米。

改造断面：在西侧铁路桥孔间新建4车道+慢行桥，现状桥改为单向4车道。

5. 胶马路立交节点

现状胶马路与上合大道为小夹角平面交叉，设置有交通信号灯，且现状道路自胶马路交叉口向北至正阳路为以路代堤，承担堤坝功能。为提供上合大道直行交通通行效率，同时考虑该节点需处理好西北方向货运交通需求，对该节点进行改造。

方案一：节点跨线桥+地面信控路口

设置节点跨线桥以保证上合大道直行车辆的连续通过，转向车辆仍采用地面信控路口通过。东半幅需将现状桥梁拆除一联后向北延伸，跨越胶马路地面交叉口。

图3-16　胶马路节点跨线桥+地面信控路口方案示意图

方案二：互通立交

现状胶马路存在一条漫水土路穿越大沽河向东连接城阳，偶有车辆通行。

经过对接，在 2017 年、2020 年的城市总体规划及综合交通规划中，该土路均已取消，但在目前在编的国土空间规划中有将其提升为城市道路的考虑。与各部门对接征求意见，胶马路节点互通立交方案不考虑该土路的交通衔接需求，但可为其预留远期建设的实施条件。

互通方案一：按照"十"字交叉采用部分苜蓿叶立交，将东西向道路作为主线，预留远期东延条件，近期采用护栏隔离。

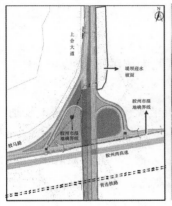

图 3-17　胶马路互通立交方案一示意图

互通方案二：按照"T"形互通采用部分苜蓿叶立交，近期不预留东延匝道，但车道规模预留远期东侧匝道接入的条件。

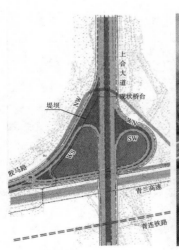

图 3-18　胶马路互通立交方案二示意图

方案一和方案二进行比选，如表3-4所示。

表3-4　胶马路互通立交节点方案一、方案二对比表

	互通方案一	互通方案二
东延的衔接条件	条件较好	衔接条件较差
对水流的影响	较大	较小
桥梁实施难度	桥梁范围设置交叉口，难度较大	难度较小

两方案投资及占地均较接近，考虑东延的不确定性，经向有关部门征求意见，推荐采用方案二。

6.云溪河桥闸节点

云溪河桥现状断面形式为双向4车道+硬路肩，桥梁西侧为防洪闸。所处范围涉及生态红线及少海国家湿地公园占地。

方案一：拆除现状闸门后在西侧占用30米宽度新建西半幅桥梁（140米）及闸门。建安费约1.25亿元（含拆除并新建闸门约0.9亿元）。

方案二：保留现状闸门，在闸门西侧新建西半幅桥梁。在现状桥梁及防洪闸西侧新建5车道桥梁，与老桥形成双向10车道规模，桥梁拓宽需占用生态红线面积约23 618平方米。建安费约1.17亿元。新建桥与管理道路采用立体交叉。

方案一和方案二进行比选，如表3-5所示。

表3-5　云溪河桥节点方案一、方案二对比表

	比选项	方案一	方案二
功能性	主要流向适应性	适应	适应
	是否存在交织情况	否	否
	是否设置灯控口	否	否
工程可实施性	占用生态红线面积	约7 333平方米	约23 618平方米
	占地面积	较少	较多
	对环境的影响	景观效果相对较好	对景观存在一定割裂性

续表

比选项		方案一	方案二
工程可实施性	与现状管理路交叉方式	平面交叉	立体交叉
	管理路交通组织	右进右出	左进左出
	工期	闸门拆除新建，流程较长	较短
推荐方案		√	

考虑该节点的景观效果，并征求相关部门的意见，推荐方案一为实施方案。

（六）与轨道交通关系

地铁12号线起自红岛朝阳村，终至黄岛区金沙滩，目前，12号线正处于前期研究阶段，沿线线路和站点暂未最终确定。

地铁16号线起自城阳区上马街道，沿线主要经过棘洪滩、即墨区南泉镇、即墨中心区、蓝色硅谷核心区，止于即墨海泉湾，线路长约50.9千米。支线从16号线正线引出，向西经李哥庄镇进入胶东机场，支线长约19千米。地铁16号线自生态大道起与上合大道并线，于渭河路南侧向东驶离上合大道。目前，16号线正处于前期研究阶段，沿线线路和站点暂未最终确定。

轨道交通16号线与12号线由于方案未定，与上合大道地面道路并行路段可不考虑预留及条件衔接，但生态大道匝道需考虑为12号线预留较好的建设条件。

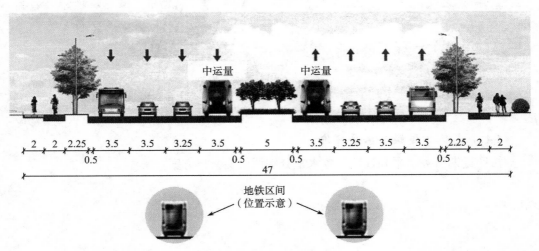

图3-19　轨道交通12号线、16号线与上合大道共线段标准横断面示意图（单位：米）

由于生态大道以南涉及海洋用地，该段12号线目前方案采用地下敷设的形式穿越洋河。生态大道匝道填高5~6米，为给12号线预留较好条件，该节点尽量减少桥梁范围，跨越水系处采用箱涵的结构形式，避免桥梁进入轨道交通保护范围线带来不利影响。由于本节点主线为老桥拓宽，因此布跨与现状桥梁布跨保持一致，桥墩距离12号线最近距离约10米。

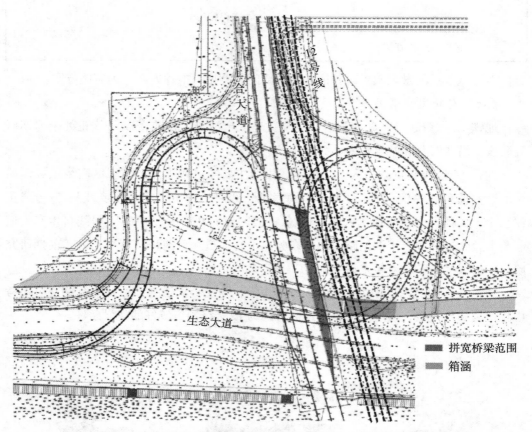

图3-20　生态大道—闽江路段轨道交通12号线线与上合大道关系平面图

（七）总体方案服务水平评价

按照近期服务水平和远期服务水平分别评价交叉口方案。

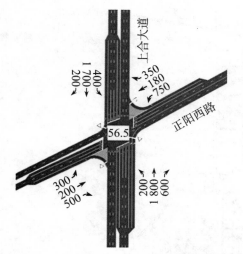

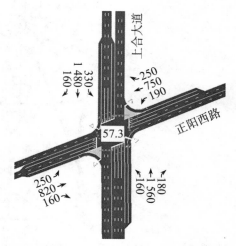

图3-21　上合大道-正阳西路远期服务水平评价　　图3-22　上合大道-正阳西路近期服务水平评价

利用Synchro软件对上合大道—正阳西路交叉口进行仿真，仿真结果显示：

近期（建成后10年）车均延误为57.3延误时间/单辆车，为三级服务水平（50~60延误时间/单辆车）的下限，预计建成后10~12年路口交通量达到饱和。

本节点需结合交通量增长情况，适时设置东西向节点跨线桥，分离直行交通，远期车均延误为56.5延误时间/单辆车，为三级服务水平，满足规范及交通运行需求。

因此，该交叉口近期采用平面信控交叉口可满足交通需求，远期需结合交通量增长情况，设置正阳西路东西向节点跨线桥，保证交通运行水平。

第二节　主干路环境整治

本节从上合示范区道路环境整治提升角度介绍主干路的环境整治，涉及道路景观综合提升工程的有8条市政道路，分别为尚德大道、黄河路、生态大道、淮河路、长江路、湘江路、物流大道、创新大道。其道路建设总长度约为41千米，工程总投资约11亿元。其整治内容主要包括道路断面调整、道路两侧及节点景观绿化提升、交通设施整合等道路全要素的提升。

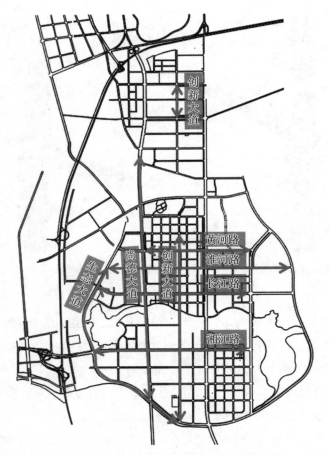

图3-23　上合示范区道路环境整治提升工程

一、整治设计理念

（1）立足上合示范区"高品质、全要素"提升的总体目标，突出道路的人本性、公开性、开放性和共享性等特点，坚持多层次、全方位的建设理念，打造上合示范区标杆指引性工程。

以上合示范区道路环境整治提升工程涉及的8条道路作为区域骨架路网，展现上合示范区的门户形象，设计秉持"永续发展、多元共生、网络复合"的原则，以"多层次、全方位提升"为设计理念，形成具有"一带一路"特色的国际新兴都市形象，力争创造一个生态型、可持续发展的示范区，一个现代化、环境优美、舒适宜人的城市空间，一个复合城市功能、具有鲜明地方特色的展示城区，打造上合示范区标杆指引性工程。

（2）明确"人本、绿色、共享、文化"的提升方向，定位准确，特色鲜明，以

"一大系统、两大特色、三大构建"为设计策略，提升区域文化内涵，注重城市空间缝合，点亮城市微空间的活力与本质。

结合上合示范区的区域特色，提出上合示范区道路环境品质优化提升的四大方向——人本、绿色、共享、文化，分别从道路配套设施、植物配置、交通组织方式、城市家具等方面进行道路全要素提升，以"花开上合，绘彩新城"为理念，"常年见绿、城景交融、生态造景、以点带面"为原则，优先考虑生态环境的主导作用，一街一彩、一路一花，打造缤纷多彩的城市形象，通过景观手法的塑造，注重城市隐蔽空间、城市微空间与城市功能的缝合，点亮城市微空间的活力与本质。

（3）坚持"智慧引领"理念，建立智能交通综合管理系统。

运用全新的相控阵雷达微波智能感知系统，实现交通流量数据的实时监测和分析，根据系统回传数据对信号灯配时进行自动调节，使交叉口通行能力最大化。同时，视频监控系统采用高清数字视频技术，可对前端视频进行复用，利用后台事件检测器或自动抓拍实现对事件的及时发现，对违法行为进行及时整治，防止由于交通事件或违法行为而造成的交通拥堵和交通事故，保障交通秩序和交通安全。

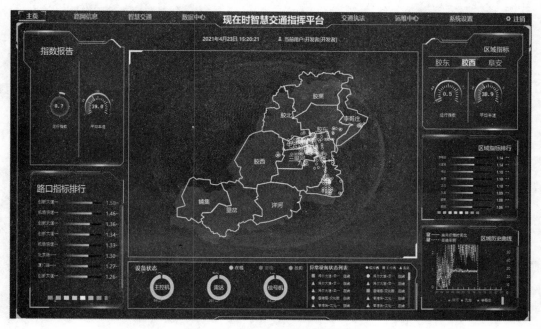

图3-24　智能交通综合管理系统

（4）注重"技术创新"理念，合理应用新材料、新工艺，通过新技术手段，促进方案的准确性、精确性及合理性，保障建设质量。

为达到"高标准、严要求、省时间"的整治改造思想，本次道路整治创新性地采用了 3D 激光路面检测技术，实现"准确检测、对症下药"，从而提供了准确的设计依据，缩短了施工工期；通过 Autoturn 模拟，结合上合区域厂企不同车辆的运行需求，合理制定车辆运行路线及厂区开口半径，保证工程实施一步到位。

（5）坚持"精准设计"，以数据调查与分析为基础，合理确定道路改造断面布置、路口渠化设计方案，实现道路服务功能的最优化。

在本工程设计过程中坚持"精准设计"，对每条道路的功能定位、交通特征、服务需求、交通调查数据等进行详细分析，并运用 Vissim 软件进行不同方案的仿真模拟，从而合理确定每条道路的设计方案，包括道路横断面的设计、交叉口的渠化方案、掉头车道的设计、可变车道的设置、口袋公园及景观节点的位置选定等，实现道路服务功能的最优化，实现效益的最大化。

图 3-25　整治效果图

二、克服的技术难题

（1）克服区域范围广、定位差异化等难题，以系统性思维为指导，将主要干道因地制宜地进行分类，实现基础设施均等化，品质提升差异化，文化展示特色化。

上合示范区道路景观综合提升工程，道路提升总长度约41千米，道路提升总面积约95.6万平方米，绿化总面积约86.6万平方米，在统一理念的指导下，设计定位三种不同的道路属性，将主要干道因地制宜地进行分类，有针对性地按照高标准、重细节、全元素的设计要求，打造出一条优享滨海的"城市生态圈"，两条聚焦窗口的"迎宾展示之路"，五条尽显品质的"人文生活之路"。同时，提出"补短板，基础内容全达标；促优化，提升内容明方向"的总体要求，完善41千米道路的基础建设条件，实现生活性道路均等化；针对道路的不同功能定位，进行特色化提升，在基础条件均等化的基础上，实现差异化品质提升和文化展示的需求。

（2）贯彻"低碳环保"理念，通过城市更新促进生态修复，谨遵"城市双修"的工作理念。

由于工程实施规模大，范围广，大量的旧路维修造成沥青等废料产出较多，工程设计充分考虑现状废料的二次回收利用，采用泡沫沥青就地冷再生技术降低施工成本；对路面病害破损尚未波及基层的道路，采用沥青路面就地热再生技术，对道路进行修复；对原有水泥混凝土路面的改造衔接，采用砼路面共振碎石化技术，对旧水泥混凝土面板进行原位破碎利用，极大地减少了工程废弃物的产生。

（3）坚持"以人为本"导向，践行低影响开发建设，合理组织施工调流。

本工程范围为上合示范区的8条主干道路，道路总长度约41千米，承担了上合示范区的主要交通流量，因工期紧，8条道路同步开工建设给上合示范区带来了极大的交通压力，本次在现状交通流量调查分析的基础上，进行交通影响评价，通过半幅调流、差异化制定施工时序等措施，保障施工期间的正常交通运营。

三、技术成效与深度

（1）工程立足上合示范区"高品质、全要素"提升的总体目标，秉持"永续发展、多元共生、网络复合"的设计原则，建设成为上合示范区标杆指引性工程。

上合示范区道路环境整治提升工程涉及的8条道路作为区域骨架路网，展现上合示范区的门户形象，设计秉持"永续发展、多元共生、网络复合"的原则，以"多层次、全方位提升"为设计理念，形成具有"一带一路"特色的国际新兴都市形象，创造一个生态型、可持续发展的示范区，一个现代化、环境优美、舒适宜人的城市空间，一个复合城市功能、具有鲜明地方特色的展示城区，打造上合示范区标杆指引性工程。本工程建成后不仅提高了道路通行能力，还提升了城市品质。

（2）基于片区物流车辆居多的特性，采用Autoturn软件分析厂区开口设计方案，保障车辆运行的安全性。

上合示范区范围内有多处物流园区，厂区内大车出入频繁，改造提升过程中对多条道路增设中间分隔带。为保障道路建成后物流车辆的安全运行，采用 Autoturn 软件对不同车型的物流车辆的转弯曲线进行模拟，从而确定道路的开口方案，以保证设计方案的合理严谨性。

（3）交叉口合理设置渠化方案，根据交通特性，结合智能交通综合管理系统，设置可变车道。

对范围内的 30 余处交叉口进行合理的交叉口渠化设计，并对尚德大道—黄河路等交通流量大、交通时段明显的交叉口设置可变车道，结合智能交通综合管理系统，实现根据实时车辆通行需求，实时控制，按需放行。在单路口、干线、区域实现综合调控，道路通行效率提升 30% 以上，高峰路口车辆排队长度由原来的 50 ~ 100 米缩减了 50% 以上。同时，设置导流岛及中分带二次过街，人行道部分通槽绿篱延伸至路口无障碍坡道，规范行人过街路线，保障行人安全。

（4）采用低噪耐久微表处技术，有效降低车辆所带来的交通噪声。

车辆轮胎与路面作用产生的噪声是各种车辆的噪声源之一，当车速大于 55 千米/小时，轮胎噪声就成为小客车与轻型载重车噪声频谱的主要成分，有研究表明交通噪声与路面材料、路面性质如粗糙度、路面的宽度等都有密切的联系。刚性路面和柔性路面在汽车不同的行驶状态下有明显的差别。本工程采用低噪耐久微表处技术，结果证明多孔性沥青路面比普通沥青路面更能降低轮胎与路面之间的噪声。降噪路面的原理就是在沥青混合料中添加高黏改性剂，使混合料之间的黏度增大，实现大缝隙路面也不会散料，而大缝隙路面可以做到有效地吸收路面噪声。

（5）在交叉口进口道采用抗车辙设计，提高路面进口道车辆频繁启停段的路面结构性能。

在道路交叉口进口道采用抗车辙路面结构，该路面结构从上到下依次设置的粗型密级配细粒式改性沥青上面层、FTR 上黏结层、粗型密级配中粒式改性沥青下面层、FTR 下黏结层、高强钢筋混凝土刚性上基层、水泥稳定碎石半刚性下基层、水泥稳定碎石半刚性底基层和排水垫层。

（6）针对现状复杂的地下管线，多类杆件采用异形基础设计，有效减少管线迁改。

四、综合效益

（1）按照"一街一彩、一路一花"的策略，力求打造体现上合精神的"世界级花园之城"，全面提升上合示范区的整体形象，全面支撑区域后续高质量发展。

上合示范区内绿化提升改造及景观节点按照"常年见绿、城景交融、生态造景、以点带面"的原则，一街一彩、一路一花，打造缤纷多彩的城市形象，高品质、高标准地全面提升上合示范区区域面貌及城市品质，实现高品质环境效益。

　　（2）按照"以人为本，服务于民"的宗旨，彻底改善居民生活环境，拓展生活休闲空间，深层次完善城市功能，不断增强市民的获得感、幸福感、满足感。基于现状条件情况，结合上合示范区自身功能定位，本次设计将构建系统完善、形象统一的系统，完善城市生态与人文基底，同时打造斑斓多彩的城市新亮点，有针对性地按照高标准、重细节、全元素的设计要求，打造滨海的"城市生态圈""迎宾展示之路""人文生活之路"，深层次地完善城市功能。

　　（3）按照"生态、文化、休闲"的目标，以道路断面交通、景观、人文功能为载体，以突显不同的国家、不同的文化为主线，突显了地域及功能特色。

　　本设计遵循"三季有花，四季常绿"的原则，积极创造层次丰富的植物观赏景观，科学搭配彩色树种与地被植物，着力打造层次分明、季节分明、高低错落的植物景观，以道路断面交通、景观、人文功能为载体，以突显不同的国家、不同的文化为主线，突显地域及功能特色。

第四章

《《 次支路网更新 畅通交通微循环

　　在我国城市发展的进程中，不合理的城市路网结构规划是制约城市发展和交通流畅性的重要瓶颈。区域城市更新中的交通规划主要侧重交通基础设施的完善，公共交通服务及运营水平的提高，区域内部行人路权保障，街道活力提升以及围绕轨道站点的垂直一体化步行系统的开发等。据研究发现，美国的城市道路路网等级结构呈金字塔型，而承担的交通量则为倒三角结构。有学者认为这是交通最合理的结构方式，交通流由低级道路向高级道路汇聚，同时又从高级向低级疏散。在区域更新改造的交通优化中，其首要目的就是改善畸形的路网结构，同时由于居民需要更长时间适应新建道路，因此在过程中需要尽量保留相对合理的原有交通道路结构。其次是改建次干辅助性道路及其交叉口，使车辆可以快速从次干道路与支路上进入快速路，形成区域微循环，提升道路便捷性与通达性。此外，断头路也是加剧交通拥堵、影响交通通行能力的另一个重要因素。为此，打通断头路并修缮异形道路也成为提升城市道路连通性与便捷性的重要措施。

第一节　交通微循环与支路网建设的关系

一、交通微循环的概念

　　目前，对城市交通微循环的定义没有统一标准，相关文章主要集中在描述交通微循环的作用方面。微循环这一概念来源于医学，主要是指人体微动脉与微静脉之间的血液循环。

　　从组成结构来讲，城市主干路相当于人体的主干血管，支路就类似于血液中的支血管。从流经线路来说，道路中的交通流从干道上驶入各种微循环支路，再从不同的干路驶出，不但增加了选择路径，同时也将干道上的交通流吸引到支路上。从容载量上来说，支路同血液中的毛细血管的作用相同，支路数量足够多，承载的交通流量越多，干道上的压力就会明显降低，从而疏通干道的拥挤。从城市交通层面来说，交通微循环可以定义为干道交通流可通过干道流经支路微循环再驶入干道的干道之间的支路交通微循环系统结构，这种发生在主要由次干道、支路、巷道、社区路及以下等级的道路所构成的片区内部的交通小循环称之为交通微循环。

此外，城市支路网也具有人体"毛细血管"的特点，作为城市末端道路的组成部分，其主要职能则是分解城市主要道路的交通压力，这要求其具有较高的可达性。

由于交通微循环属于城市交通系统的最下层，这需要城市支路网系统具有开放性和区域封闭性相结合的特点。交通微循环系统中也要保证"动"与"静"的有效结合，真正实现城市交通微循环系统的通畅。

二、交通微循环的特性

（一）分流主干路交通压力

由交通微循环的定义可知，城市道路微循环系统能够为主干道承担压力，缓解主干道的交通流。城市道路交通微循环系统必须拥有很高的容量，若是支路网容量不足，支路原有的交通量将转移到主干道，极有可能会影响主干道的顺利通行。如果对支路工程进行合理的更新改造，一部分车流可选择微循环道路，减少干道交通流量，必然能对主干道的交通压力分流作用起到不可忽视的影响。虽然单条微循环道路承担的流量可能无法和主干路比拟，可微循环道路、数量可达性和投资费用也是城市快速系统无法达到的，所以说数量巨大的微循环道路可以为主干道承担压力，因此，只有完善的交通微循环系统才有更高的道路网密度和连通度，路网道路容量以及适应交通变化的弹性能力也才会更高，对缓解干道拥挤的作用才更大。

（二）可达性要求高

首先，城市道路网通常是以快速路、主干道、次干道为主，支路及支路以下级别道路为辅，形成城市大片区路网。相互交叉的"节点"的"存储"能力决定着输送交通流量的能力，交通节点是否通畅在一定程度上影响了道路上的交通流量。其次，支路系统越完善，支路网的道路密度越大，通过支路道路到达片区之外的路径越多，居民出行到达目的地的选择越多，自由灵活度越高，可达性越高。以美国城市道路为例，城市的土地用地性质和建设强度决定了交通节点数量的设置，美国城市的土地性质和道路格局网格化保障了交通节点的分布均匀和衔接顺畅。同时，断头路的打通以及不同等级道路的衔接，使支路的道路利用率有所提升，从而使点与点之间、点与面之间有更好的可达性，从而使城市道路的交通量空间分布更加均衡，使城市道路系统自我调节能力增强。

（三）解决片区交通拥堵

城市交通微循环系统主要服务于居住片区或是组团片区的交通需求，只有把部分交通流量吸引到该微循环片区来，才能在很大程度上减少干道网系统的交通流。因此，交通微循环系统主要是吸引片区内的交通流，从而达到缓解干道拥堵的目的，而不是解决大片区路网的交通拥堵问题。支路系统可以为短距离的日常出行提供便利，使得居民只要通过支路的出行路径就可到达目的地，这在一定程度上缓解了干道的交通压力，减轻了对干道系统的干扰。

（四）区域的功能差异性

一般来说，所建设的片区微循环系统会随着片区服务功能的不同而不同，如在交通需求、交通组织等方面就有很大的差别，不能一概而论。例如，居住片区往往具有受限的道路宽度，行人出行量较大，对道路的干扰性较大，过境车辆较少。类似的还有历史遗留片区、棚户区等，像这一类地区都以保护其原始样貌为重点，改造过程存在着较大的困难。对于新开发的地区，其道路宽度很大，交通设施完善，入住率相对较低，交通拥堵问题不明显，对于规划建设微循环道路系统往往比棚户区和历史遗留片区容易，只需做适当调整即可。

（五）动态时段变化性

随着城市的城市化水平飞速转变，城市交通微循环系统最后会趋于一种动态变化规律。城市交通微循环系统规划和设计总是随着总体规划和综合交通规划的变换而不断变化，需要不断地重新改造和调整。例如，在城市总体规划调整的情况下，道路线形设计和路网密度、交通量等交通参数必须作出相应的调整。也就是说，为了和城市的总体规划相互协调，交通微循环系统应具备动态时段性的变化规律。动态时段值主要有现状、近期、远期和远景四个建设时段值。各个发展时段值的交通状况应与当前的城市总体道路水平相匹配，能够切实解决片区微循环的规划设计与建设，保证良好的微循环交通运行条件。

（六）对出行方式的影响

首先，城市道路交通微循环是由大多数支路组成的，微循环的建设对居民的交通出行方式有着相当大的影响。在道路宽敞且平直的区域，居民趋于快节奏的生活模式，而快节奏的生活方式限制了惯于步行和自行车出行的居民。其次，微循环区域内的支路巷道加强了附近居民的交通和活动的空间。再次，微循环区域支路密度较大，居民出行路径的选择更多、更方便，所以城市道路交通微循环路网对行人行为模式的影响较大，甚至在很大程度上可以改变居民交通出行的方式。城市道路微循环网络改造时应将居民的行为选择模式纳入考虑的范围，以交通微循环系统设计逐步改善居民的出行行为模式，使居民出行更加便捷，对干道交通干扰最小。

三、对支路网的理解

在起点和终点位置不变的情况下，足够密度的支路网衔接，可以增加交通路径的可选择性，减压主干路上行人或车行过路的交通分流。支路网的适度加密可以有效地促进交通微循环，帮助干路系统分担交通流量。因此，交通微循环的引入必然要求有适应其发展的路网密度。

然而，现行规范未将大量支路级别以下道路纳入规划控制，现行规范中规定 12 米以上是支路，所以目前城市道路体系不包括低于 12 米的居住区、商业区和工业区的内部道路以及胡同、弄、窄街和便道。但在实际规划工作中，支路的红线宽度相对比较灵活，很多城市都将布设双车道作为支路的最末级，红线宽度也略有差异。

表4-1 我国现行规范中支路的定义

规范	版本	定义
《城市道路设计手册》	1985年版	街坊内部道路作为街坊建筑的公共设施组成部分，不列入等级道路之内
《城市道路设计规范》（CJJ 37—90）	1990年版	支路为次干道与街坊路的连接线，解决局部地区交通，以服务功能为主
《城市道路交通规划设计规范》（GB 50220—95）	1995年版	支路应与次干路和居住区、工业区、市中心区、市政公用设施用地、交通设施用地等内部道路相连接
《城市道路工程设计规范》（CJJ 37—2012）	2012年版	支路应与次干路和居住区、工业区、交通设施等内部道路相连接，以解决局部地区交通以及服务功能为主
《城市居住区规划设计规范》（GB 50180—2016）	2016年版	居住区（级）道路，一般用以划分小区的道路，在大城市中与城市支路同等级

现行规范将道路系统分为快速路、主干路、次路和支路。国外的道路分类均是把"进出性道路"作为道路等级的最末端，而我国道路分类的重点则在于"集散性

道路"，重视机动交通的集散功能，且末端道路等级——支路，实质上承担了更多的"集散"功能，很多具有"进出"功能的道路，如内部路、坊路、胡同、弄、窄街和便道未被纳入支路网体系，使其容易被封闭从而丧失疏通交通流量的功能。我国的城市道路分类体系较为粗糙，使得原本具有多样化功能的街道类型被简化为通行的道路类型，并被框进规范标准狭小的分类里。

支路空间界定不清晰，在一定程度上削弱了实际规划设计工作中对支路网系统的完善、设计和控制，支路系统规划存在"盲区"。因此，城市现状的支路网密度偏低，除了和过去盲目重视干道网的建设的原因外，也和早期封闭大院式用地和各种"超级坊"的布局模式所导致的包括胡同、巷弄、窄街和便道等大量内部道路未被纳入统计范畴有关。这部分道路没有开放，使得道路系统缺失"毛细血管"，不利于交通微循环。

四、交通微循环与支路网建设的关系

交通微循环是以支路为主要载体的循环过程，交通微循环是解决区域细部交通需求、分担干线交通的有效方法，而支路网的构建是实现交通微循环系统畅通的关键技术，两者具有相辅相成的关系。交通微循环系统的有序运行需要合理的支路网建设作为基石，同时交通微循环运行状态也在指导着支路网的建设。支路网相当于城市循环系统的海量"毛细血管"，细微的部分必须通达，才能保证主要部分的顺畅。因此，良好的交通微循环系统和合理的支路网系统是缺一不可的，二者不仅是保证城市功能正常运转的基石，而且对社会经济发展起着重要作用。

五、将交通微循环理念引入城市更新单元规划层面

将交通微循环理念引入城市更新单元规划中，对支路网规划的影响主要体现在以下内容：在城市更新单元规划层面建立支路网规划指引，按照交通微循环的要求因地制宜地进行支路网规划；适度增加支路网密度，并对不同类型的城市更新单元的支路网密度进行精细化的指标分类；充分利用现有规范规定的"支路"承担交通分流的功能，同时，要挖掘不在城市道路体系内的道路，使其承担一部分的路网分流减压和增加可选路径的功能，充分发挥其集散和进出的交通功能。

支路网等级及其以下的道路属于微观层面的规划内容，而城市更新单元规划层面就是应该处理一些"细枝末节"的规划设计和控制的内容，这里面当然要包括对支路网以下的道路街巷进行规划和控制，二者的性质均是微观的城市局部空间修正。法定图则的性质决定了其做不到如此细致的程度，所以交通微循环路网分级体系需要在城

市更新单元规划中进行控制，充分利用所有的道路来承担集散和进出功能，且控制应细化至内部道路。另外，在逐步完善不同道路对应的密度量化指标、连接度指标、路网形式、道路断面宽度和构成等要素的同时，基于交通微循环路网分级体系的引入，使那些内部道路计入路网密度，所以相应的支路网密度指标也需要提高。在规划控制中，应对过大地块的城市更新单元提出微循环道路等级、宽度的设计指引及建设标准，避免形成封闭大街区。同时，对于小的更新单元应统筹从街区层面上控制路网加密的规划。

第二节　基于交通微循环理念的城市路网更新案例

曲靖市核心区交通问题极其严重，城市发展面临交通设施供应不足、交通需求增长迅猛、整体交通服务水平有待提高等严峻问题。其主要表现在以下方面：路网系统不完善；主干路在完成自己运输任务的同时，还要承担次干路和支路的功能；交通需求主要集中在中心城区核心区，交通秩序非常混乱；核心区的几条主干路在高峰时期异常拥挤；公交系统及设施缺失；停车泊位不足，停车秩序混乱；支路以下等级道路呈现出密度低、质量差、布局混乱等特点，并且很多低等级道路基本上处于闲置或被占用状态。对于一个人口不到40万的中等城市，如果采用目前常用的方式来解决交通问题是不现实的。因此，需要转换一种思路，把精力放在充分挖掘现有的道路资源上，包括一些小街小巷、住宅区和占地面积较大的单位内部道路，开展交通微循环系统优化，合理利用现有的道路资源解决交通拥堵问题，改善交通运行质量。

一、交通现状调查与分析

（一）路网现状分析

曲靖市核心区路网呈"方格"形布局，路网结构不合理，道路密度不高，难以形成满足交通需求的路网。道路级配呈"哑铃"状，支路比例明显偏低，并且存在断头路，连通性差。能连通的支路有很多被占道经营，根本无法发挥支路功能，大部分支路处于被占用或无用的状态。（表4-2）

表4-2　曲靖市中心城区核心区道路网现状表

性质	密度（千米）	密度（千米/平方千米）	国标密度（千米/平方千米）
主干路	22.4	1.87	1.0 ~ 1.2
次干路	15.89	1.32	1.2 ~ 1.4
支路	17.38	1.45	3 ~ 4

曲靖市核心区主干路交叉口平均间距偏大，达到了848.4米，不符合交通出行者的需求，次支道路缺乏，无法形成有序的衔接。其道路功能混杂，许多小区、大型单位、商业用地均聚集于核心区这一小块面积上，以至于某些道路的交通负荷过重，从而在部分路段上出现了时段性交通拥堵。由于城市建设的历史原因，道路断面形式以一块板为主，机动车和非机动车混行给曲靖市核心区车辆行驶带来安全隐患，同时也降低了主干路的车速。

（二）片区流量调查

交通流量调查选取了四个高峰，涉及曲靖市核心区的34个交叉口，表4-3中选取的是主要交叉口晚高峰的流量数据。其主要的需求基本分布在主干路上，主干路和主干路相交的节点交通流量很大。

表4-3　曲靖市核心区主要交叉口机动车流量、饱和度汇总表

序号	交叉口名称	东	西	南	北	汇总	饱和度
1	麒麟西路—交通路	3 505	3 690	2 676	4 741	14 612	0.92
2	南城门广场	2 319	1 903	4 267	2 282	10 771	0.85
3	麒麟西路—廖廓北路	1 500	1 281	903	792	4 476	0.85
4	翠峰路—南宁西路	393	—	1 556	1 190	3 139	0.79
5	麒麟西路—南宁西路	1 482	2 772	2 454	1 207	7 915	0.89
6	张三口	1 671	3 039	3 714	3 660	12 084	0.91
7	紫云路—官坡寺街	276	297	1 007	1 368	2 948	0.80

续表

序号	交叉口名称	东	西	南	北	汇总	饱和度
8	文昌街—廖廓南路	831	636	265	1 014	2 746	0.82
9	麒麟南路—文昌街	—	1 296	1 397	1 209	3 902	0.84

（三）车速调查分析

曲靖市核心区出行的平均区间车速是 13.49 千米/小时，车速较低的路段有南宁西路、廖廓路和麒麟路的部分路段。另外，由于部分次干路、支路的通行能力和地形限制，某些支路的车速也偏低。

（四）居民出行调查

居民人均出行次数为 3.03 次/人，非弹性出行占到了 80% 以上。从出行方式来看，慢行交通在曲靖市核心区所占的比例达到 60%，公交车的分担率也占到了 15.25%，因此改善微循环系统可以有效解决曲靖市核心区的拥堵状况。

（五）停车现状调查

曲靖市核心区有 260 个路外公共停车场，共提供了 9 106 个停车泊位，整个路外公共停车设施呈现出数量少、规模小、系统性差的特征。泊位数在 10～20 的所占的比例最高（31.15%），泊位数在 50 以下的占到了 78.46%。而且，从调查情况来看，停车场高峰时期利用率仅为 45%，大部分车辆直接在主干路上违规停车。路边停车设施分布不合理，主干路两侧车辆乱停、乱放现象严重，与主干路相交的次支道路缺乏停车位。

（六）公交系统调查

公交线路主要集中在主干路上，公交线路非直线系数过高（达到 2.1），线路重复系数高（部分站点线路重复率高达 8）。为了达到覆盖率的要求，部分线路采用迂回、环线方式增加覆盖率，但是过于迂回的公交线网降低了居民的出行效率，公交服务质量下降。

二、交通微循环路网系统优化

近期路网优化主要是针对现状拥堵路段和拥堵点来进行整治规划。将胜峰路改成主干路，文昌街至北园巷修整达到次干路标准，南宁南（北）路改成次干路，取消文化路的步行街和单行措施，改成次干路，这样就可以在核心区外围形成一个以主干路为主的环路。

中远期路网优化主要解决交通网络系统的通畅问题，目的在于构建一个和谐的微循环路网系统。随着城市面积的扩大和经济的增长，城市机动车保有量会进一步提高，居民出行需求总量增多。如果不进行合理的路网规划，交通拥堵、交通环境污染会进一步加剧，为了城市的可持续健康发展，必须合理规划城市路网。

各个国家道路建设的经验表明，道路并不是建设得越宽、等级越高越好，而是要越密越好。增加道路密度可以使出行者在遇上交通拥堵时有多条线路可以选择，并且可以缩短绕行距离，使路网系统真正达到四通八达的效果。支路建设的基本原则是保留现有的支路网，对现有路况不好的道路进行修整，能拓宽的拓宽，对于有改造可能的支路进行连通，适当改善一些道路的线形。

路网改造之后还要实施一系列的配套措施，如核心区的主干路中央隔离，越级相交的支路采用"右进右出"的组织模式或者采用信号控制。对部分宽度在 7 米以下的道路实施单行管制，在条件允许的地方设置路边停车设施，保障整个微循环系统的通畅。

三、交通微循环路网系统优化方案评价

（一）路面密度提高

规划年支路网上升很多，道路的级配呈"金字塔"结构，基本符合路网级配标准，虽然没有达到理想值，但是受到地形和其他条件的限制，路网密度没有办法进一步提高。

（二）路面连接度提高

表4-4　曲靖市核心区交通大区路网连接度指数

区域	现状			规划年		
	路网节点总数	网络总边数	路网连接度指数	路网节点总数	网络总边数	路网连接度指数
北区	29	43	2.97	75	135	3.61
南区	13	20	3.08	61	112	3.67
西区	34	55	3.24	43	78	3.63
东区	29	47	3.24	48	83	3.46
中心区	48	77	3.21	78	137	3.51

从定量评价指标来看，在规划年，各区域的道路网连接度指数差别不大。曲靖市核心区整体路网在规划年的连接指数为3.57，与现状路网相比有所提高。

（三）人均道路面积

根据居民出行预测的结果和人均道路面积公式计算可以得到，规划年曲靖市核心区人均道路需求面积为8.21平方米/人，满足规定，并且未来路网提供的人均道路面积是9.38平方米/人，能够很好地满足居民出行需求。

（四）线路的饱和度

将规划年的交通量分配到调整后的路网上后可以看出，城市整体的路段和交叉口的交通状况相比现状以及近期规划都有了较大改善，其服务水平也有所提高。城市主干路仍然承担城市大量的交通量，由于有大量支路的存在，对主干路上交通流的分流起到了一定作用。而一些城市次干路作为生活性道路，主要承担片区交通的集散，交通运行质量较好，饱和度基本在0.9以下。

由于在原有路网的基础上增加了大量的支路，改造了原有的断头路、不通的支路，曲靖市核心区内次干路与街坊路形成了很好的连接，解决了局部地区的交通问题，主干路上的交通得到有效疏散，压力减小。新调整的路网综合考虑了曲靖市核心区路网结构的优化合理性和可持续性、城市外环路的畅通性，支路得到了更好的利用，形成有效微循环体系，缓解了城市核心区拥堵状况。

（五）拥挤特性评价

经过改造之后，主干路车速得到了很大程度的提升，车速从现状的13.49千米/小时增加到25.3千米/小时，拥挤交叉口的比例从15.6%下降到12.1%，拥挤路段比例从23.8%下降到19.7%。

第三节　上合示范区片区路网完善

2023年上合示范区基础设施工程新建道路7条，长度合计约5 501.6米，作为内部路网的完善；改建道路7条，长度合计约4 963米，作为内部路网的修复。（图4-1）

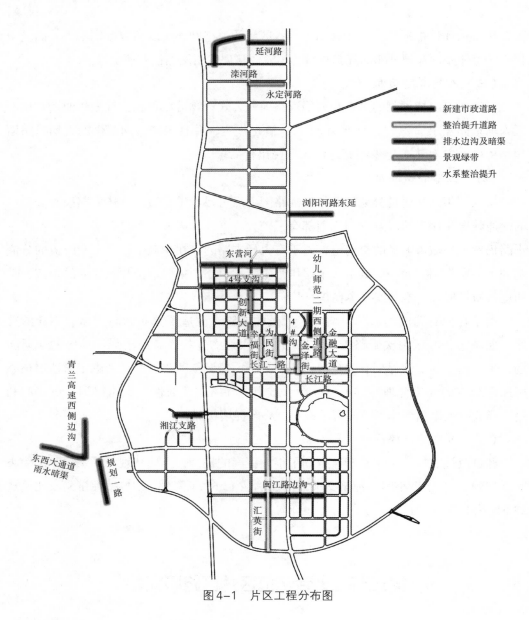

图 4-1　片区工程分布图

一、工程概况

2023年上合示范区基础设施工程新建道路7条，长度合计约5 501.6米，作为内部路网的完善。

（1）规划一路南延为南北走向，自湘江路至洋河堤顶路。

（2）幼儿师范二期西侧道路为南北走向，自黄河路至淮河路。

（3）湘江支路为东西走向，自科技大道至尚德大道。

（4）观澜文苑周边道路为环观澜文苑小区道路，整体呈现"］"形。

（5）上合交流中心北侧规划路为东西走向，自汇英街至9#水系沟。

（6）浏阳河路东延为东西走向，自上合大道至生态大道。

（7）滦河路以北道路南起滦河路，向北延伸后向东至物流大道。

表4-5　新建道路表

序号	项目名称	道路红线（米）	道路等级	行车道（米）	中分带（米）	绿篱（米）	人行道及非机动车道（米）	长度（米）	备注
1	规划一路南延	24+12（绿化带）	城市次干路	15	3	—	3×2	1 028.3	新建
2	幼儿师范二期西侧道路	20	城市支路	12	—	1.5×2	2.5×2	500	新建
3	湘江支路	24	城市支路	15	—	1.5×2	2.5×2	627.3	新建
4	观澜文苑周边道路	17	城市支路	14	—	—	1.5×2	678	新建
5	上合交流中心北侧规划路	14	城市支路	8	—	—	3×2	312	新建
6	浏阳河路东延	30	城市次干路	15.5	3	1.5×2	3.5×2	1 056	新建
7	滦河路以北道路	20	城市支路	8	—	2×2	4×2	1 300	新建
	小计							5 501.6	

二、工程内容

（一）车行道路面结构

水泥混凝土路面与沥青混凝土路面的优缺点比较如表4-6所示。

表4-6　材料比选表

路面材料	优点	缺点
水泥混凝土路面	强度高，稳定性、耐久性好，建筑材料可就地取材，施工工艺成熟可靠，施工质量易保证，工程造价低	接缝较多，影响行车舒适性，路面破损后修复难度大，施工周期长
沥青混凝土路面	表面平整无接缝、柔性好，行车舒适，维修方便，施工周期短、易养护	工程造价比水泥混凝土路面造价高

通过比较，同时参照上合示范区已建的各条市政道路，经综合考虑，选用沥青混凝土路面，与已建道路路面相协调。

其中，次干道路面结构为4厘米细粒式沥青混凝土（AC-13C）（玄武岩骨料）、沥青粘层油0.6升/平方米，7厘米中粒式沥青混凝土（AC-20）（石灰岩骨料）沥青透层油1.2升/平方米，20厘米水泥稳定碎石、20厘米水泥稳定碎石。路基整平碾压，其压实度≥92%（重型击实标准，路床顶面回弹模量≥35兆帕）。

（二）人行道路面结构

透水砖、珍珠岩露骨料透水混凝土地坪等路面材料的优缺点比较如表4-7所示。

表4-7　材料比选表

路面材料	优点	缺点
透水砖	具有良好的防滑、透水、透气、保水性，起到降温、降噪、调节气候的作用，造价低	抗压、耐磨强度低，修理维护周期短，使用寿命短
珍珠岩露骨料透水混凝土地坪	装饰性好，透水性高，便于维护，具有良好的散热性	技术和材料质量要求高，比透水砖造价高
陶瓷透水砖	强度高，具有良好的透气、抗冻融、防滑性能，不褪色，耐寒、耐风化，生态、环保	造价高于普通透水砖
花岗岩板	耐磨、耐腐蚀、耐寒、耐风化，稳定性好，美观平整	透水性差；造价较高

通过以上比较，人行道选用陶瓷透水砖（200毫米×105毫米×60毫米），非机动车道选用珍珠岩露骨料透水地坪。人行道、非机动车道暂按以下做法考虑：人行道采用6厘米厚陶瓷透水砖+5厘米厚中粗砂+15厘米厚级配碎石。人行道按照《无障碍设计规范》（GB 50763—2012）铺设盲人通道；人行道上按照《青岛市城市道路技术导则》检查井盖。人行道范围内的地下市政管线、地上公共设施及相邻的园林绿化应与人行道同步建设，同时可考虑增加设施带，沿车行道边的设施带内不设置座椅、活动公厕、报刊亭。公共设施不得压占无障碍设施和盲道及两侧各0.25米的人行道，不得影响城市地下管线的设置。

（三）非机动车道路面结构

采用EAU丙烯酸亮彩涂层+8厘米无机透水砼面层（强度≥C30）+20厘米厚级配碎石；路基压实度≥92%。

（四）路缘石、界石

混凝土路缘石和花岗岩路缘石的优缺点如表4-8所示。

表4-8　材料比选表

路面材料	优点	缺点
混凝土路缘石	原材料资源丰富，易加工，造价低	强度比花岗岩缘石低，抗磨损、抗断裂性能差，使用寿命短
花岗岩路缘石	整体效果好，强度比混凝土缘石高，抗冲击性好，不易损坏，使用寿命长，维护费用低	比混凝土路缘石造价高

通过以上比较后的选择：

路缘石：安装应平整，材质均采用花岗岩，直线型抗折强度应大于5兆帕，曲线型抗压强度应大于35兆帕。

无障碍：全线按规范规定设置盲道及无障碍坡道，形成完善便利的无障碍交通体系。

（五）平交路口处理

1. 交叉口渠化设计

交叉口是道路网的联结点、道路交通的咽喉，其设计是否合理直接关系到道路交通的安全与畅通。考虑到平面交叉口的通行能力在同等通行空间的情况下小于路段，为满足交通的需求，平交路口处理工程路段与已建道路相交，分别设置平交口，平交形式按加铺转角考虑。根据道路等级和通行特点，设置不同转弯半径的路缘石，并对交道路路口进行顺接和交通渠化。采用交通标线及导流岛等设施对不同类型的交通进行规范、限制，并考虑提前引导、增加车道，提高通行能力和路口交通的安全性。

浏阳河路东延与现状上合大道、生态大道相交，滦河路以北与现状滦河路、规划一号路、规划二号路、物流大道相交。根据道路的设计参数，对车行道进行合理的布置和车道划分。道路车行道一般路段为3.25~3.5米，交叉口进口车道和出口车道按照规范要求展宽，匹配路段通行能力，平面交叉口一条进口车道的宽度宜为3.25米，困难情况下最小宽度可取3.0米；当改建交叉口用地受到限制时，一条进口车道的最小宽度可取2.80米；出口道车道数应与上游各进口道同一信号相位流入的最大进口车道数相匹配，出口道每条车道宽度不应小于路段车道宽度，宜为3.50米，条件受限的改建交叉口出口道每条车道宽度不宜小于3.25米。应考虑尽量减少因拓宽道路造成的投资的增加，进口道渠化出转向车道，并结合交通特点设置可变车道，提高交叉口的通行效率。

2. 沿线出入口设计

本工程范围内路段主要与小区出入口进行衔接。根据沿线地块落地情况规划出入口竖向，合理做好小区出入口衔接问题，保证市政道路低于小区主出入口，并保证小区主出入口纵坡度小于5%。

（六）路基处理

上合示范区内的地质情况较差，需对软土地基进行处理，提高软土地基的固结度和稳定性。目前，已建规划一路、黄河路、淮河路、幸福街、为民街路段及临近道路，均采用水泥粉喷桩工艺、运行良好。本次工程路段为已建道路延续段，软基处理采用水泥粉喷桩，与已建支路软基处理一致。软基加固处理后再铺设30厘米褥垫层，回填砂砾土分层压实至设计标高。

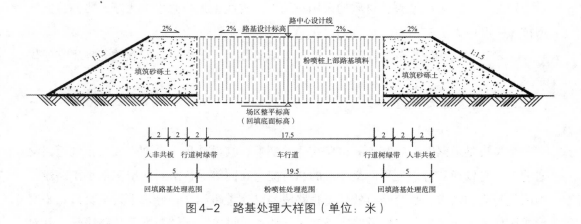

图4-2 路基处理大样图（单位：米）

1. 粉喷桩处理工艺

粉喷桩又称加固土桩，是深层搅拌法加固地基的一种形式。粉喷桩法采用粉喷技术向软弱土层内输送粉状加固料，不向地基内注入水分，使其与原位软弱土混合、压密。通过加固料与软弱土之间的离子交换作用、凝聚作用、化学结合作用等一系列物理、化学作用，使软弱土硬结成具有整体性、水稳性和一定强度的柱状加固土，达到加固地基的目的。粉喷桩施工之前，需查明地表、地下障碍物，尤其是地下有无大块石、树根、地下管线及空中有无高压线等，障碍物应事先清除。整平场地至桩顶以下0.5米，敷设0.5米石渣工作垫层，满足施工机械走行要求。粉喷桩施工前还应根据工艺性设计进行工艺性试桩，试验桩不得少于2根，掌握对该场地的成桩经验及各种操作技术参数，如转进速度、提高速度、搅拌速度、喷气压力等。管线路段需在管底设计标高以上采用空桩，管底以下采用实桩，以预留管线埋设所需的空间。绿化带范围内的隔盐碱设计结构层应位于桩顶之上，不需预留空桩。成桩7天内应采用轻便触探仪（N/10）检查桩的质量，触探点应在桩径方向1/4处，抽检频率为2%。当贯入100毫米击数N/10小于10击的则视为不合格。成桩28天后在桩体上部（桩顶以下0.5米、1.0米、1.5米）应截取三段桩体进行现场足尺桩身无侧限抗压强度试验，检查频率为2‰，每一工点不得少于2根。在取得粉喷桩材料与波速关系的前提下，可采用小应变动测法进行桩长及成桩均匀性的定性检查。

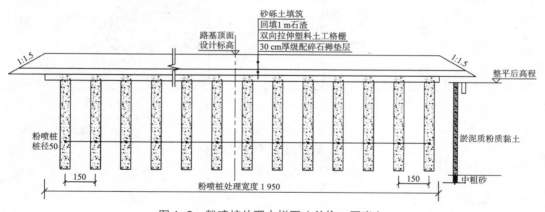

图4-3　粉喷桩处理大样图（单位：厘米）

在保证取岩芯质量的前提下，可用钻探取岩芯进行质量检查以及进行必要的室内强度试验。对于重要工程或有特殊要求的工程应做单桩及复合地基静载荷试验，且每项工程不得少于3组。根据现场试验记录，绘制荷载-沉降曲线（P-S曲线）以及沉降-时间曲线（S-t曲线）。成桩28天检测合格后，其上首先回填30厘米级配碎石褥垫层，然后铺设格栅（双向拉伸塑料土工格栅应采用纵横向抗拉强度不小于50千牛/

米，标称抗拉强度下的伸长率不大于12%，其耐久性好、糙度大；铺设完成后及时填筑，避免其受到阳光长时间的直接暴晒；一般情况下，间隔时间不应超过48小时；因故必须延长间歇时间时，格栅表面应覆土保护，厚度不小于20厘米；格栅需搭接时，应交替错开，错开长度不应小于50厘米），回填石渣及种植土至设计路基高程并分层碾压，达到压实度要求后进行路面结构施工。28天龄期后粉喷桩单桩承载力特征值≥100千牛，复合地基承载力特征值≥120千帕。

2. 抛石挤淤法

对道路红线范围内的现状池塘、水渠等采用抛石挤淤法。先排净表层水，然后进行抛石，抛石挤淤需满足压实后，抛石顶面高于淤泥顶面，最后采用砂砾土回填至路基顶标高。若河塘水无法排干，抛石压实后，顶面需高于水面线50厘米。抛填石料应使用不易风化且遇海水不易崩解的石料，以花岗岩材质石料为宜，膨胀性岩石、易溶性岩石、崩解性岩石和盐化岩石等均不得用于路堤填筑。抛石挤淤的石料粒径在5~40厘米，片石浸水强度≥20兆帕。路基分层压实厚度可根据填料类型和压实机具情况确定，一般最大填筑厚度不宜大于30厘米。

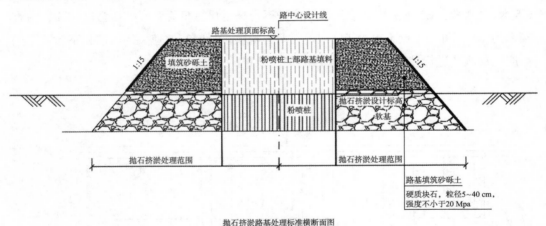

抛石挤淤路基处理标准横断面图

图4-4 抛石挤淤路基处理大样图

3. 路基施工要求

粉喷桩施工应注意下列事项：应控制钻机下钻深度、喷粉高程及停灰面，确保粉喷桩长度；严禁投入使用没有粉体计量装置的喷粉机；应定时检查粉喷桩的成桩直径及搅拌均匀程度，对使用的钻头应定期复核检查，其直径磨耗量不得大于20毫米；当钻头提高至地面以下500毫米时，喷粉机应停止喷粉；在喷粉成桩过程中如遇故障应停止喷粉，第二次喷粉接桩时，其喷粉重叠长度不得小于1米。路基回填必须分层铺筑、分层机械压实，回填材料分层的最大松铺厚度应通过试验确定且松铺厚度严禁超过 30 厘米。分层回填碾压时应注意控制填料的含水量范围,如填料含水量偏低,则可预先洒水润湿并待渗透均匀后回填;如含水量偏高,则可采取翻松、晾晒等措施,待含水量合格后再进行回填。为保证路基边缘压实度,施工时路基两侧均应超宽填筑、超宽压实,超宽宽度不小于 0.5 米。路基施工应避开雨季,施工前应先做好截水沟、排水沟等排水及防渗措施,将影响路基稳定的地面水和地下水拦截并排除到路基范围以外。在路基施工中,各施工层表面不得有积水,必须有 2%~4% 的排水横坡。路基处理完成后路床顶面回弹模量大于 35 兆帕。施工应严格按照《城镇道路工程施工与质量验收规范》(CJJ 1—2008)、《城市道路路基设计规范》(CJJ 194—2013)、《粉体喷搅法加固软弱土层技术规范》(TB 10113—1996)、《公路路基设计规范》(JTGD 30—2015)执行。

第四节 上合示范区部分路网修复

一、建设内容

2023 年上合示范区基础设施工程改建道路 7 条,长度合计约 4 963 米,来作为内部路网的修复,主要为汇英街、金泽街、长江一路、金融大道,为民街、幸福街、长江路道路改建工程。

汇英街:路面病害处铣刨翻建,翻建路缘石及界石,拆除更换人行道铺装,更换损坏灯头,对检查井及雨水口进行维修,重划交通标线,更换枯死绿化。

金泽街:金泽街与长江路交叉口打开,拆除中分带,擦除重画标线;路面重新罩面,病害处翻建,翻建路缘石;新建路灯、交通设施等;两侧新建人行道,人行道下方的通信管线新建排管;雨水口维修;交叉口新建景观节点;在道路西侧,地块未开发路段新建围挡。

长江一路:新建两侧人行道,北侧清理板房,加围挡,交叉口新建景观节点,新建路灯。

金融大道:西侧清理垃圾,加围挡。

为民街:人行道维修、补植增绿,路面罩面,病害处翻建,翻建路缘石,清理雨水算子。

幸福街:人行道维修,车行道局部维修,雨水口维修。

长江路：人行道维修，车行道局部维修，苗木补植。

表4-9　维修道路表

序号	项目名称	道路红线（米）	道路等级	行车道（米）	中分带（米）	绿篱（米）	人行道及非机动车道（米）	长度（米）	备注
1	汇英街	24	城市支路	15	—	1.5×2	2.5×2	2 163	维修
2	金泽街	24	城市支路	15	—	1.5×2	3×2	250	新建人行道、路灯、景观
3	长江一路，金融大道，为民街，幸福街，长江路	—	—	—	—	—	—	1 200	—
4	长江一路	24	城市支路	—	—	—	—	150	新建人行道、路灯、景观
5	金融大道	30	城市支路	—	—	—	—	450	新建围挡
6	为民街	24	城市支路	—	—	—	—	350	维修
7	幸福街	24	城市支路	—	—	—	—	400	维修
	小计							4 963	

在金融大道（长江一路-淮河路）西侧、长江一路（上合大道施工围挡-金泽街）北侧，设置围挡。围挡意向图如图4-5所示。

图 4-5　围挡意向图

围挡结构：围挡基础拟采用 C25 素混凝土基础，围挡底部涂刷黄黑色警示漆。立柱拟选用镀锌方管，立柱顶部安装 LED 户外成品灯进行照明。围挡墙面采用预制成品钢板。

二、金泽街—长江路交叉口

（一）交叉口现状

上合大道目前正在封闭施工，预计明年将封闭长江路—上合大道交叉口。届时上合大道以东区域，仅有金融大道一条南北贯通的道路，无法满足通行需求，因此建议将金泽街—长江路交叉口的中分带打开，使金泽街南北贯通。

因此，为便于车辆进出上合之珠，将金泽街—长江路交叉口改为信号灯控制，取消长江路的中间分隔带。信号灯及电子警察优先利用长江路—上合大道现状设施。

（二）交叉口布局

金泽街不拓宽车行道，沿用现状车行道宽度，长江路压缩中间分隔带，设置左转专用车道。

金泽街断面布置符合控规；对金泽街的改造工程量少，投资较低。未增加左转专用车道，左转车辆会影响直行车辆的通行效率。

图4-6 交叉口效果图

（三）路面翻建

1. 原有路面结构

金泽街、为民街及汇英街原为上合市政道路，原有结构均按支路标准进行统一设计，原有路面主要结构为4厘米厚沥青砼（AC-13C、石灰岩）+5厘米厚沥青砼（AC-16C、石灰岩）+18厘米厚水稳碎石+18厘米厚水稳碎石。

2. 路面材料比选

水泥混凝土路面和沥青混凝土路面优缺点如表4-10所示。

表4-10 材料比选表

路面材料	优点	缺点
水泥混凝土路面	强度高，稳定性、耐久性好，建筑材料可就地取材，施工工艺成熟可靠，施工质量易保证，工程造价低	接缝较多，影响行车舒适性，路面破损后修复难度大，施工周期长
沥青混凝土路面	表面平整无接缝，柔性好，行车舒适，维修方便，施工周期短，易养护	工程造价比水泥混凝土路面造价高

通过以上比选，参照已建市政道路综合考虑后，选取沥青混凝土路面、与已建道路路面相协调。

3. 铣刨罩面路面

铣刨罩面路面施工结构与原有结构基本一致，铣刨罩面路面施工结构：现状路面结构层铣刨 4 厘米；沥青粘层油 0.6 升/平方米；细粒式沥青混凝土（AC-13C）4 厘米（玄武岩骨料）。其具体结构如图 4-7 所示。

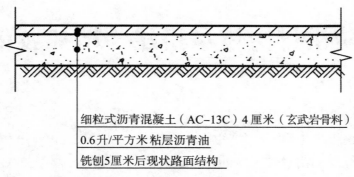

细粒式沥青混凝土（AC-13C）4 厘米（玄武岩骨料）

0.6 升/平方米 粘层沥青油

铣刨 5 厘米后现状路面结构

图 4-7　罩面车行道结构图

4. 新建路面

新建结构层厚度与各层原有结构基本一致。

注意事项：喷洒粘层油时要注意做好成品保护工作，且喷洒要均匀足量。粗粒层铺设时，要保持稳定的车速及喷洒量，摊铺混合料时运距不能过远，而且厚度要均匀，碾压遍数不能太少，要在 3 遍以上，确保混合料空隙不会太大。一般来讲，粗粒层是不能进行补料的。粗粒层铺设完毕后，如果下雨导致地面潮湿未干，不能继续摊铺细粒层。一定要确保路面完全干燥，这样才不会影响黏性。在面层沥青车喷洒时，必须控制好排水方向和标高，趁热进行压边处理。沥青铺设时因沥青出炉的时间会有先后，难免会有缝隙，要确保横纵向接缝紧密、平顺，每次铺设间相互重叠的多余沥青要及时人工铲走，否则容易导致路面不平整。沥青混凝土摊铺平整后，一定要趁热及时压边，最好是采用小型振动机压边，又快又平整，一些边边角角的地方人工修整即可。碾压时压路机开行的方向应平行于道路中心线，使表面平整、密实，拱度与面层一致。表面干燥后，应立即铺设彩条布做路面保护，直到工程全部完工。

第五章

《《防洪排涝体系搭建 增加城市韧性

随着城市的快速发展以及经济的壮大，城市防洪排涝工程设施作为城市基础设施的重要组成部分，其防洪排涝安全也越来越重要。

本章主要介绍上合示范区相关现状及规划情况，找出现状问题，分析原因，结合防洪排涝规划，提出城市防洪、排涝思路及方案，并应用于实际工程。

第一节　流域概况

一、流域介绍

中国–上合组织地方经贸合作示范区位于三河流域交界处，即大沽河流域、洋河流域、跃进河流域。

（一）大沽河

大沽河，古称姑水，发源于招远市东北部的阜山，在莱西市道子泊村进入青岛地区，在胶州市东营盐场和城阳区潮海盐场之间注入胶州湾，干流全长199千米，是胶东半岛最大的河流。大沽河流域位于东经119°40'～120°39'、北纬35°54'～37°22'之间，涉及烟台市辖区的招远、莱州、莱阳、栖霞诸县市，潍坊市辖区的高密市，青岛市辖区的莱西市、平度市、即墨区、胶州市、西海岸新区和城阳区，总流域面积6 205平方千米，青岛市辖区内流域面积为4 781平方千米（其中南胶莱河流域面积1 058.3平方千米），是青岛市一条主要的防洪、排涝河道，被誉为青岛市的"母亲河"。

大沽河自产芝水库至入海口段，流域面积大于100平方千米的一级支流有八条，自上而下分别为洙河、小沽河、五沽河、落药河、流浩河、南胶莱河、桃源河和云溪河，这些支流均为间歇性河流，每年断流时间长，仅在雨季有水流。

自20世纪50年代以来，青岛市境内大沽河流域相继建成大型水库2座、中水库7座，总控制流域面积1 745.62平方千米，防洪库容1.08亿立方米。大型水库分别为产芝水库和尹府水库，中型水库分别为黄同、北墅、高格庄、堤湾、宋化泉、挪城水库和青年水库，近几年已完成除险加固工程，达到了规范要求的防洪标准。

图5-1 大沽河流域示意图

（二）洋河

洋河，古称柜艾水，本名洋水，是一条独立入海的天然河道，是胶州市与西海岸新区的边界河道。其发源于西海岸新区宝山镇高城岘北麓的吕家村和金草沟一带，经苗家、仲家庄由南向北进入胶州市的山洲水库，出库后河道在胶州市洋河镇境内蜿蜒向东流去，至柳圈村又进入西海岸新区境内，再向东沿胶州市九龙镇和营海镇交界的土埠台村东与五河头相会，注入胶州湾。

洋河流域面积 527 平方千米，干流全长 48.0 千米，河道干流比降 0.6‰ ~ 1.5‰，属季节性河。洋河流域呈扇形，主要支流共 6 条，分别是西海岸新区境内的小张八河，胶州市境内的小干河、八一河（老母猪河）、十八道河、大周村河和月牙河。这些支流均为季节性河流，每年断流时间长，仅在汛期有水流。

（三）跃进河

跃进河为独流入海河流，发源于九龙街道九龙山东南藏家屯一带，向南流经九龙街道政府驻地后向东流，穿 204 国道，继续向东流，过产业新区入胶州湾。跃进河控制流域面积 56.6 平方千米，干流全长 15.3 千米，河道干流比降 2.1‰。跃进河流域内有洛戈庄河、关王庙河等4条支流，无大中型水库。

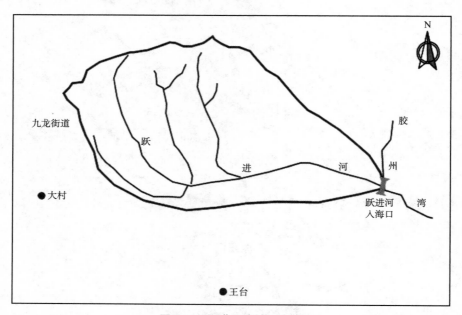

图 5-2　跃进河流域示意图

二、气候特征

（一）大沽河

大沽河流域地处胶东沿海，属海洋性气候，温度在 -22℃ ~ 38℃，流域内温差不大，终年无霜期约 200 天，最大冻土深度约 0.5 米；受地形影响，流域终年多东南和西北两个风向；年平均风速 5.2 米/秒，各月平均风速以 3 月最强为 5.6 米/秒，9 月最弱为 4.1 米/秒。

流域内的一大特征是雨量较充沛，平均年降水量为 683.3 毫米。降雨量年际变化较大，最大年降水量为 1 466.2 毫米（1964 年），最小年降水量为 334.4 毫米（1981年）。降雨量年内分布不均，约有 80% 集中在汛期（6—9 月），尤以 7、8 月份最多，约占全年的 56%，年降雨天数一般不足 90 天。

流域内的另一大特征是蒸发量很大，多年平均蒸发量为 983.86 毫米，年蒸发量大于年降雨量。由于春季降雨稀少，又伴随着干热风，蒸发量大，因此春旱比较严重。

（二）洋河

洋河是胶州市、西海岸新区的边界河道，主要流域位于胶州市境内。洋河流域地处北温带季风区域，属温带季风气候，空气湿润，雨量充沛，温度适中，四季分明。春季气温回升缓慢，较内陆迟 1 个月；夏季湿热多雨，但无酷暑；秋季天高气爽，降水少，蒸发强；冬季风大温低，持续时间较长。

平均年降水量为 686.1 毫米，春、夏、秋、冬四季雨量分别占全年降水量的13.9%、61.9%、19.6%、4.6%；年降水量最多为 1 371.1 毫米（1964 年），最少仅302.7 毫米（1981 年）；年平均降雪日数只有 10 天；年平均气压为 1 008.6 帕；年平均风速为 5.3 米/秒，以南东风为主导风向。

（三）跃进河

跃进河流域属暖温带季风大陆性气候区，年降水量的 70% 左右主要集中在汛期（6—9 月），其他季节干旱少雨；年平均年降水量 682.9 毫米，年最大降水量 1 375.2 毫米（1964 年），年最小降水量 3 03.1 毫米（1981 年）；多年平均最大 24 小时降水量为 98.8 毫米。造成本流域暴雨的主要天气系统有气旋、台风、峰面、切变线等。

跃进河地处泰沂山南区与胶莱河谷区交界处，暴雨成因主要是以峰面雨、台风雨为主，降雨特点是强度大、历时短，一般洪水历时 10 ~ 24 小时，洪峰滞时 2 ~ 3 小时。

三、水文站网

大沽河流域内设有张家院、产芝、姜家许村、尹府、葛家埠、岚西头、南村、闸子等多处水文站，南墅、孙受等 25 处雨量站，能满足流域治理、设计等各项工作的需要。洋河以及跃进河流域内均没有水文站，洋河流域内及周边水文部门自 1952 年起设有雨量站。

第二节　防洪排涝标准

一、防洪标准

根据《中国—上合组织地方经贸合作示范区市政专项规划——防洪排涝专项规划》规划区防洪标准为百年一遇。本项目区涉及的防洪河道洋河、跃进河防洪标准确定为百年一遇。大沽河近期规划防洪标准确定为 50 年一遇，远期规划防洪标准为百年一遇。

二、排涝标准

根据《中国—上合组织地方经贸合作示范区市政专项规划——防洪排涝专项规划》规划区内河道排涝标准为 20 年一遇。

三、防潮标准

根据《中国—上合组织地方经贸合作示范区市政专项规划——防洪排涝专项规划》规划区内防潮标准为百年一遇，海堤工程级别为 1 级。

第三节　工程现状

一、防洪工程现状

规划区外围两条流域性行洪河道为大沽河和洋河，内部流域性河道为跃进河，三条河道均汇入胶州湾。由于本项目区域内地势低洼，区域内防洪直接受上述水系影响。

（一）大沽河

规划区内（胶州湾高速至下游入海口段）河道未进行治理，河道呈现连续"S"形弯道，现状主河槽宽 75 ~ 200 米，河道两侧滩地为盐场、虾池，阻水严重，现状行洪能力不满足 20 年一遇。

规划区位于大沽河入海口右岸。

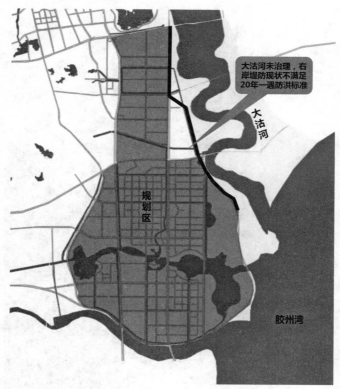

图5-3 规划区大沽河治理情况图

图5-4 大沽河入海口段（一）

图5-5 大沽河入海口段（二）

（二）洋河

规划区内河道已治理，现状河道较成型，为复式断面，现状左岸有堤防，堤顶宽6米，规划区范围内洋河左岸堤防满足防洪标准为50年一遇。

规划区位于洋河入海口左岸。

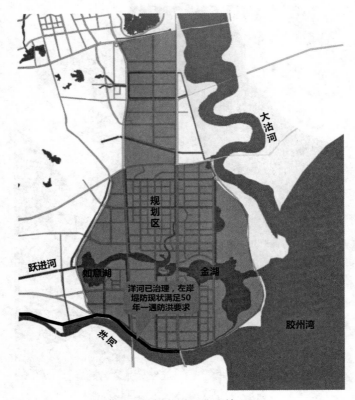

图 5-6　规划区洋河治理情况图

图 5-7　洋河入海口段

图 5-8　洋河上合示范区段

（三）跃进河

　　规划区内的工程已实施完毕，生态大道以下段开挖为如意湖和金湖，蓄滞洪区总面积为 3.47 平方千米，现状满足 50 年一遇防洪标准。

现状跃进河入海口处建有泄洪挡潮闸，为中型水闸，设计防洪标准为 50 年一遇，设计防潮标准为 50 年一遇。

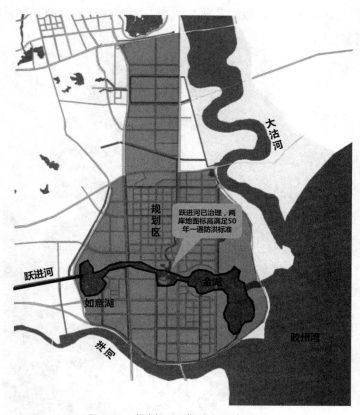

图 5-9 规划区跃进河治理情况图

图 5-10 跃进河现状图（一）

图 5-11 跃进河现状图（二）

二、排涝工程现状

现状主要的排涝河道为营海河北河、营海河南河、邓家庄河、东营河及南部诸多排涝沟。

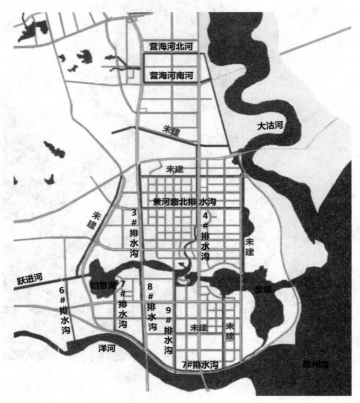

图5-12　规划区现状排涝水系布置图

（一）营海河北河及营海河南河现状

营海河北河共长2 200米，其中下游交大大道以上500米河段尚未治理，河段现状排涝标准不足5年一遇；其余1 700米河段已治理完成，但因河道内淤积严重，现状排涝标准不足20年一遇。

营海河南河共长2 100米，其中下游段沿交大大道向北约100米河道尚未治理，河段现状排涝标准不足5年一遇；其余2 000米河段已治理完成，但因河道内淤积严重，现状排涝标准不足20年一遇。

营海河北河及营海河南河已治理段断面形式均采用复式断面，河槽宽20米，两侧采用1.5～2米高M15浆砌石挡墙，挡墙外侧为2米宽花岗岩平台，平台外侧放坡至现状地面。

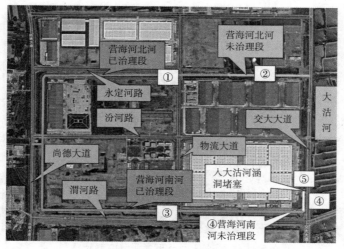

图5-13　北片区营海河南河及北河河道位置示意图

图5-14　营海河北河已治理段

图5-15　营海河北河未治理段

图5-16　营海河南河已治理段

图5-17　营海河南河未治理段

（二）邓家庄河及东营河现状

邓家庄河、东营河因周边地块尚未开发而未开挖治理，范围内存在多块散乱的湖塘、虾池，造成河道淤积，影响片区排涝。交大大道与两河相交处已预留过河桥梁，其中邓家庄河预留桥梁宽约100米，东营河预留桥梁宽约30米。

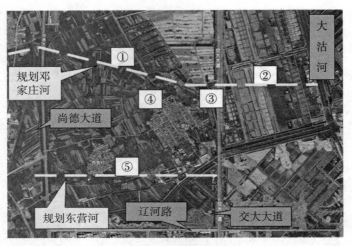

图5-18　邓家庄河及东营河道位置示意图

图5-19　规划邓家庄河交大大道上游

图5-20　规划邓家庄河交大大道下游

图5-21　邓家庄河穿交大大道预留桥梁

图5-22　现状湖塘、虾池

（三）南部排涝沟现状

南部3#、4#、7#、8#、9#排水沟部分已建，现状以自然水系方式与如意湖、金湖等现状水系相连；2#排水沟为现状河道，暂未按照规划断面实施；现状青兰高速西侧排涝沟为土渠，单式断面，沟渠内淤积严重，杂草丛生。

图 5-23 现状 2#排水沟

图 5-24 现状 3#排水沟

图 5-25 现状 4#排水沟

图 5-26 现状 7#排水沟

图 5-27 现状 8#排水沟

图 5-28 现状 9#排水沟

图 5-29 接洋河水闸

图 5-30 现状青兰高速西侧排涝沟

三、防风暴潮工程现状

规划区东侧海域现状已有海堤防护，堤顶路兼顾区域重要的交通道路，堤路完好。现状防潮标准为50年一遇，防潮堤堤顶高程为5米，防浪墙顶高程为5.8米。

图5-31 规划区现状海堤平面图

图5-32 现状海堤

图5-33 现状防浪墙

图5-34　消浪平台

图5-35　现状海堤

四、存在问题分析

（一）流域性防洪工程尚未完全实施，规划范围内防洪能力不足

大沽河（胶州湾高速公路至入海口）、洋河（规划温州路至入海口）、跃进河（规划温州路至入海口）防洪标准均为50年一遇。规划区城市防洪标准为百年一遇。城市防洪标准高于流域防洪标准。

大沽河大部分河段均进行过系统治理，胶州湾高速至下游入海口段未进行治理，现状防洪标准不足20年一遇。

洋河规划区内河段进行过治理，规划段河道现状防洪标准满足50年一遇，不满足百年一遇防洪要求。

跃进河规划段河道现状防洪标准满足50年一遇，不满足百年一遇防洪要求。

（二）规划区域内排涝水系标准低，河道堵塞

规划区地势低洼平缓，地面坡降小，受高潮位、洪水位顶托，区域涝水没有自排条件。由于规划和投资渠道的原因，城市道路等基础设施建设与河道整治脱节，导致排水设施的规划、建设不到位，没有给雨洪留出合理的出路，加重了区域涝灾情况。

（三）防御风暴潮灾害能力弱

规划区位于胶州湾底部，是风暴潮灾害重灾频发区，现状防潮堤建设标准为50年一遇。规划区防潮标准为百年一遇。城市防潮标准高于现状防潮堤防潮标准。

第四节　防洪排涝规划及总体设计

《中国-上合组织地方经贸合作示范区市政专项规划——防洪排涝专项规划》指

出，根据规划区现有防洪工程状况与布局，近期与远期、工程措施与非工程措施相结合，形成一个完整有效的洪水防御体系，使雨洪水始终处于可管理状态，并沿海岸线修建防潮堤，提高示范区防风暴潮能力，确保上合示范区防洪安全。

一、防洪工程规划

上合示范区防洪体系主要由大沽河、洋河、跃进河河道堤防及东南部海堤组成。

（1）大沽河河道治理、堤防工程：对大沽河主河道进行清淤清障，并新建、加高培厚右岸堤防；共新建、加固堤防5.09千米，其中新建堤防3.64千米，利用现状堤防加高培厚1.45千米；现状堤防增设防浪墙2.55千米。

（2）洋河河道治理、堤防工程：洋河左岸新建防浪墙4.47千米，堤防加高培厚1.43千米。

（3）跃进河河道治理工程：规划温州路至生态大道桥段保留右岸堤防，堤顶临水侧新建防浪墙；生态大道至入海口段河道两岸地面高程不低于4.0米。

（4）规划海堤工程：保留规划区东南侧现状海堤，加高现状防浪墙顶高程至6.2米，共加高防浪墙6.18千米。

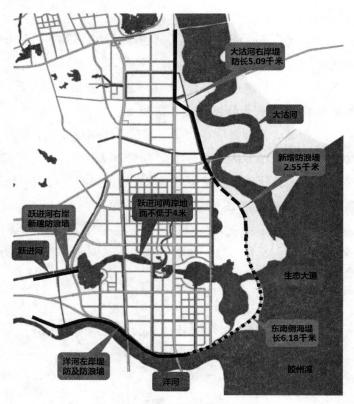

图5-36　规划区防洪体系布局图

二、排涝工程规划

（1）以黑龙江路为界，规划区北部片区排涝河道（营海河北河、营海河南河、邓家庄河）排入大沽河。

（2）以黑龙江路为界，规划区南部片区排涝河道东营河排入4#沟，青兰高速西侧排涝沟排入跃进河，排涝沟（2#、3#、4#、5#、6#、7#、8#、9#、10#排涝沟）及跃进河以如意湖、金湖作为蓄滞洪区。

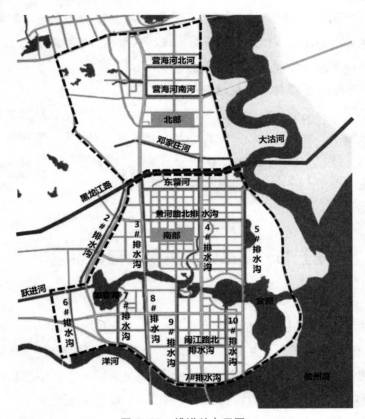

图5-37　排涝总布置图

三、总体设计

根据《中国-上合组织地方经贸合作示范区市政专项规划——防洪排涝专项规划》，结合片区开发时序，近远期相结合，践行"防洪与排涝同步进行、工程措施与非工程措施相结合、灰色系统与绿色系统相结合"等理念，近期实行以下措施。

（一）完善城市防洪排涝工程体系

城市防洪排涝工程设施作为城市基础设施的重要组成部分，包括堤防工程和排涝工程两大部分。统一规划，加快达标建设，完善城市防洪排涝工程体系，全力推进城区堤防、内涌河、排水管网、水闸、泵站等工程建设。

（二）加强城市雨水管网与排涝系统

城市雨水管网、排涝渠（涵）、调蓄湖（塘）、泵站及水闸等共同组成完整的排涝系统。城市建设统筹市政和城市防洪排涝，最大限度地发挥排涝效益。加强排涝设施的管理和养护，及时疏浚河道，疏通排水管网等，确保排涝通畅。

（三）研究分散雨水收集，实施源头减排

建立并完善城市水源互联调度系统，充分利用源头减排，推广海绵城市建设理念，广泛利用公共场所、下沉绿地、下沉广场、蓄水池、植草沟、透水铺装等海绵设施，使雨水尽快下渗或储存，减少径流。

（四）加强防汛排涝指挥系统现代化建设

建立防洪排涝智能应急响应系统，充分利用空间信息技术、计算机网络技术和现代通信等高新技术，解决防洪救灾中的重大技术难题，为救灾决策和快速反应措施的制定提供技术支持，为指挥抗洪救灾提供通信保障，并跟踪、反馈各项命令的执行情况，以达到减少人员、耕地、财产和资源损失的目的。

第五节　城市防洪排涝工程体系建设

根据《中国-上合组织地方经贸合作示范区市政专项规划——防洪排涝专项规划》，结合片区开发时序，由主至次，近期远期相结合，洪涝分治。现状大沽河、跃进河、洋河防洪工程均为50年一遇防洪标准，满足近期需求；根据片区开发进度，同步实施小区域防洪排涝工程，首先保障开发区域的防洪排涝安全。

根据上合示范区控规、防洪排涝规划、城市设计及路网、竖向规划等资料内容，结合规划区现状洪水特征、地形条件，上合示范区按规划实施完成后雨水将采取自流排水的方式，雨水按就近原则分散排入跃进河、营海河北河、营海河南河、邓家庄河以及东营河。

目前，以规划黑龙江路为界分为北片区、南片区2个排涝片区。北片区排涝河道排入大沽河，南片区排涝河道排入跃进河及金湖、如意湖。

一、实施范围

邓家庄河（上合大道到交大大道）、家庄河东延，闽江路边沟（自创新大道至智慧大道），东营河（自尚德大道至上合大道）。远期结合片区开发，根据防洪排涝规划，整治其他河道，完善排涝系统。

二、邓家庄河

根据规划，邓家庄河位于浏阳河路南侧，本次设计范围西起上合大道，东至生态大道，为新开挖河道，主要拦截浏阳河路南北两侧的汇水，自西向东排至大沽河，两侧为未开发荒地，南侧规划为绿地，北侧暂时规划为工业用地。

（一）方案设计

根据《中国－上合组织地方经贸合作示范区市政专项规划——防洪排涝专项规划》（2021—2035 年）、《中国－上合组织地方经贸合作示范区市政专项规划——排水工程专项规划》（2021—2035 年）开挖河道，上游河道工程暂不实施，临时封堵，下游通过排涝涵闸接入大沽河。沿线预埋市政雨水支管，承接相交道路规划雨水管道及北侧浏阳河路同期设计雨水管道。汇水面积如图 5-38 所示。

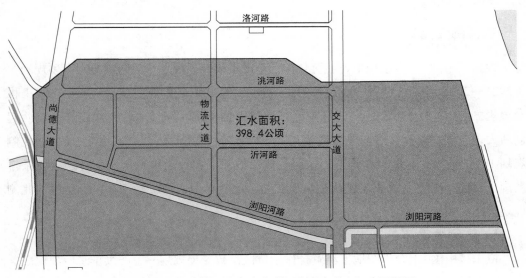

图 5-38 邓家庄河（上合大道—生态大道）汇水面积图

（二）平面设计

基于明渠规划线位，开挖邓家庄河，上游承接规划上游，下游顺接大沽河，蓝线宽度38米，全长约1 400米。

（三）纵断面设计

根据防洪排涝规划，综合考虑地面及边沟上下游渠底高程等因素进行纵断面设计，坡度为0.04%。

（四）横断面设计

邓家庄河采用矩形断面，宽30米，净高3.5米（含超高0.5米），护岸形式为钢筋混凝土材质直立挡土墙，粗糙系数$n=0.014$，最大过流能力为127.7立方米/秒，校核流量为113.6立方米/秒，满足50年一遇防洪标准，两侧结合4米宽绿化放坡顺接现状地面。

（五）基础处理

护岸基础下地基承载力不小于120千帕，并应进行静载实验。根据地质勘察报告，明渠基底位于淤泥质粉质黏土层，地基承载力特征值$[f_{a0}]$=50~60千帕。本工程要求地基承载力不小于120千帕，施工前必须进行地基处理，采用1.5米抛石挤淤+1米石渣。

（六）防洪复核

根据防洪计算方法，推求水面线复核防洪排涝规划成果，设计邓家庄河满足20年一遇防洪标准。

三、闽江路边沟

根据《中国–上合组织地方经贸合作示范区市政专项规划——防洪排涝专项规划》（2021—2035年）、《中国–上合组织地方经贸合作示范区市政专项规划——排水工程专项规划》（2021—2035年），规划闽江路边沟位于闽江路北侧，本次设计范围西起创新大道与闽江路交叉口东北侧现状9#排洪沟，东至智慧大道与闽江路交叉口西北侧规划10#排洪沟，为新开挖河道，主要收集沿线相交道路及地块雨水，并连接两条排洪沟。目前，闽江路北侧绿化及边沟现状为荒地及小型边沟，局部存在养殖池，北侧规划为居住用地及教育用地。

（一）方案设计

根据《中国–上合组织地方经贸合作示范区市政专项规划——防洪排涝专项规划》（2021—2035年）、《中国–上合组织地方经贸合作示范区市政专项规划——排水工程专项规划》（2021—2035年）开挖河道，西侧连通现状9#排洪沟，东侧临时封堵，远期接入现状10#排洪沟。

图 5-39　闽江路边沟（9#排洪沟～10#排洪沟）汇水面积图

（二）平面设计

基于明渠规划线位，开挖闽江路边沟，上游连通9#排洪沟，下游临时封堵，蓝线宽度5米，全长约1391米。

（三）纵断面设计

根据防洪排涝规划，综合考虑地面及边沟上下游渠底高程等因素进行纵断面设计，坡度为0。

（四）横断面设计

闽江路边沟采用矩形断面，宽5米，净高4.5米，护岸形式为混凝土材质挡土墙，粗糙系数 n=0.014，按20年一遇防洪标准进行计算，最大过流能力为22.05立方米/秒。两侧结合规划绿地放坡顺接现状地面。

（五）基础处理

明渠基底位于淤泥质粉质黏土层，地基承载力特征值 $[f_{a0}]$=50-60千帕。明渠基底地基承载力不小于120千帕，施工前必须进行地基处理，挡墙基底采用1.5米石渣换填。河底铺砌处采用1米石渣换填。

（六）防洪复核

根据防洪计算方法，推求水面线复核防洪排涝规划成果，经核算，设计闽江路边沟满足20年一遇防洪标准。

四、东营河

根据《中国-上合组织地方经贸合作示范区市政专项规划——防洪排涝专项规划》（2021—2035年）、《中国-上合组织地方经贸合作示范区市政专项规划——排水工程专项规划》（2021—2035年），规划东营河为一条东西向新开挖河道，位于上合组织地方经贸合作示范区松花江路北侧，规划起点为尚德大道与规划松花江路交叉口北侧规划3#排水沟，主要拦截黑龙江路以北、黄河路以南汇水，分流3#排水沟雨水，沿规划松花江路向东，在交大大道西侧汇入现状4#排水沟。

（一）方案设计

根据《中国-上合组织地方经贸合作示范区市政专项规划——防洪排涝专项规划》（2021—2035年）、《中国-上合组织地方经贸合作示范区市政专项规划——排水工程专项规划》（2021—2035年）开挖河道（设计不包括规划桥涵），对上游与规划3#排水沟衔接处进行临时封堵，下游顺接至现状4#排水沟，沿线预埋市政雨水支管，承接相交道路规划雨水管道及南侧松花江路设计雨水管道。

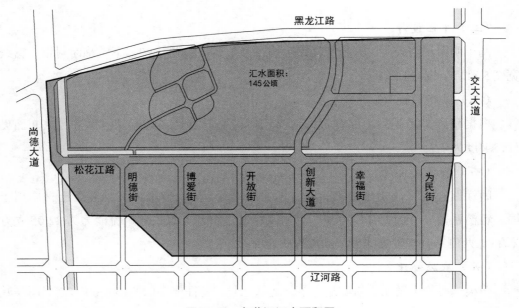

图 5-40　东营河汇水面积图

（二）平面设计

基于明渠规划线位，开挖东营河，上游承接规划3#排水沟，下游顺接现状4#排水沟，蓝线宽度20米，红线宽度40米，全长约1 700米。

（三）纵断面设计

总体地势东高西低，规划明德街以西段，高差较大，约6米，规划明德街以东段，地势平缓。结合北侧现状标高及松花江路设计标高，桩号K0+400以西段，河道设置多级跌水，河底标高由4米降至0，标准段纵坡为0.1%；桩号K0+400以东段，河底标高为0。

（四）横断面设计

东营河采用复式断面，主槽河底宽20米，净高2.5米（含超高0.5米），护岸形式为钢筋混凝土直立挡土墙，粗糙系数$n=0.014$，最大过流能力为46.69立方米/秒，校核流量为41.2立方米/秒，满足50年一遇防洪标准。

明渠渠底采用35厘米厚M10浆砌片石+15厘米厚碎石垫层。河底至2.5米高程边坡采用钢筋混凝土直立挡墙，挡墙上方设置栏杆，明渠主槽两侧2米范围内设置景观步道，景观步道至河顶边线采用生态草皮护坡+30厘米种植土换填，放坡比为1∶2。

（五）跌水设置

根据工程具体情况，跌水段消能方式拟采用面流式，消能设施拟采用下挖式消力池。

根据消能计算结果，考虑到可能发生不可预见的洪水组合，消力池深度拟定为0.5米，水平长设计为18米。

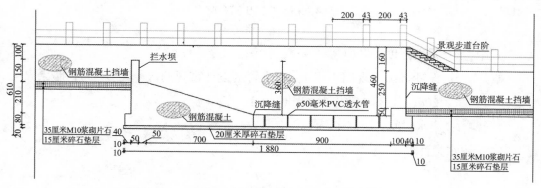

图5-41　东营河跌水段做法大样图（单位：厘米）

（六）地基处理

明渠基底位于淤泥质粉质黏土层，地基承载力特征值$[f_{a0}]$=50-60千帕。明渠基底地基承载力不小于120千帕，施工前必须进行地基处理，挡墙基底采用1.5米石渣换填。河底铺砌处采用1米石渣换填。

（七）防洪复核

根据防洪计算方法，推求水面线复核防洪排涝规划成果，经核算，设计东营河满足20年一遇防洪标准。

第六节　城市雨水管网与排涝系统建设

城市雨水管网、排涝渠（涵）、调蓄湖（塘）、泵站及水闸等共同组成完整的排涝系统。根据《中国−上合组织地方经贸合作示范区市政专项规划——排水工程专项规划》（2021—2035年），结合路网建设工程，同步实施排水管道。

一、雨水系统专项设计

城镇雨水系统应包括源头排减、排水管渠和排涝除险等工程性设施以及应急管理等非工程性措施，并与防洪设施相衔接。城镇雨水系统除了应满足规划确定的内涝防治设计重现期外，还应考虑超过重现期时的应急措施。

（一）计算公式及设计参数

1. 计算公式

（1）胶州市暴雨强度。利用胶州市发布的暴雨强度经验公式计算。

$$q=\frac{1\,584.635\times(1+0.776\lg P)}{(t+10.233)^{0.654}}$$

式中，q：暴雨强度［升/（秒·公顷）］。

　　　　p：设计暴雨重现期（年），雨水管道设计重现期次干路$P=3a$；暗渠$P=20a$，片区内涝设计重现期30年一遇。

　　　　t：集水时间，$t=t_1+t_2$。

（2）雨水量计算。

$$Q=\psi\cdot q\cdot F$$

式中，Q：设计雨水量（升/秒）。

　　　　ψ：径流系数，取$\psi=0.65$。

　　　　q：设计暴雨强度［升/（秒·公顷）］。

　　　　F：汇水面积（公顷）。

2. 海绵城市设计参数

不同下垫面径流系数如表5-1所示，土壤渗透系数如表5-2所示。

表5-1　不同下垫面径流系数表

下垫面种类	雨量径流系数 φ	流量径流系数 ψ
混凝土或沥青路面及广场	0.80 ~ 0.90	0.85 ~ 0.95
大块石等铺砌路面及广场	0.50 ~ 0.60	0.55 ~ 0.65
沥青表面处理的碎石路面及广场	0.45 ~ 0.55	0.55 ~ 0.65
级配碎石路面及广场	0.40	0.40 ~ 0.50
干砌砖石或碎石路面及广场	0.40	0.35 ~ 0.40
非铺砌的土路面	0.30	0.25 ~ 0.35
绿地	0.15	0.10 ~ 0.20
水面	1.00	1.00
地下建筑覆土绿地（覆土厚度≥500毫米）	0.15	0.25
地下建筑覆土绿地（覆土厚度＜500毫米）	0.30 ~ 0.40	0.40

表5-2　土壤渗透系数

土质	渗透系数K	
	米/天	米/秒
黏土	＜0.005	$<6 \times 10^{-8}$
粉质黏土	0.005 ~ 0.1	$6 \times 10^{-8} \sim 1 \times 10^{-6}$
黏质粉土	0.1 ~ 0.5	$1 \times 10^{-6} \sim 6 \times 10^{-6}$
黄土	0.25 ~ 0.5	$3 \times 10^{-6} \sim 6 \times 10^{-6}$
粉砂	0.5 ~ 1.0	$6 \times 10^{-6} \sim 1 \times 10^{-5}$
细砂	1.0 ~ 5.0	$1 \times 10^{-5} \sim 6 \times 10^{-5}$
中砂	5.0 ~ 20.0	$6 \times 10^{-5} \sim 2 \times 10^{-4}$

续表

土质	渗透系数K	
	米/天	米/秒
均质中砂	35.0~50.0	$4 \times 10^{-4} \sim 6 \times 10^{-4}$
粗砂	20.0~50.0	$2 \times 10^{-4} \sim 6 \times 10^{-4}$
均质粗砂	66.0~75.0	$7 \times 10^{-4} \sim 8 \times 10^{-4}$

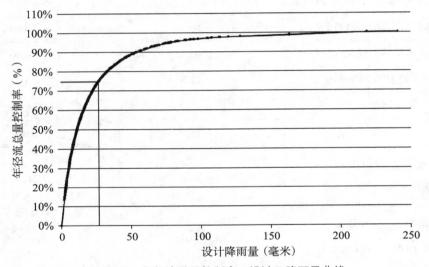

图5-42　年径流总量控制率—设计日降雨量曲线

（二）管材、管基及附属设施

1.管材

雨水常用管道管材分为3大类，分别为混凝土管材、金属管和新型塑料管材。三种管道的对比如表5-3所示。

表5-3　管道类别对比表

管材类别	优点	缺点
钢筋混凝土管	质地坚固且价格低	管节短
金属管	强度高、抗渗性好	价格昂贵，不耐腐蚀
塑料管	耐腐蚀，重量轻	质脆、抗外压冲击性差

结合现状，雨水管道选用钢筋混凝土管管道，标准选用《混凝土和钢筋混凝土排水管》（GB/T 11836—2009）。钢筋混凝土管道采用承插接口，橡胶圈密封；管道与检查井柔性连接，采用预制混凝土套环和橡胶密封圈接口。

2. 管基

雨水管道覆土0.7米≤H≤3米时，采用120°砂石基础；管道覆土3米＜H≤4.5米时，采用180°砂石基础。

3. 附属设施

（1）检查井、雨水口。

检查井结构做法、检查井井盖、路面雨水口选型等全部参照《青岛市城市道路检查井通用图集》选型和设计。

（2）出水口。

雨水管道排末端排水口、边沟末端排水口采用"八"字式出水口。

（3）沟槽回填。

管道基础采用石粉回填；管底基础部位至管顶以上0.5米范围内，须采用人工回填石粉，回填土要分层碾压夯实，严禁用机械推土回填；管顶0.5米以上部分的回填材质及标准应按照道路路基要求实施，该部分可以用机械从管道轴线两侧同时夯实，每层回填高度不得大于0.2米。沟槽回填土的土质及压实度系数满足《给水排水管道工程施工及验收规范》（GB 50268—2008）要求，当管道沟槽位于道路路基范围内时，回填压实度应满足《青岛市城市道路检查井技术导则》及道路路基压实度要求。

二、污水工程专项设计

（一）设计原则

（1）排水体制采用雨、污分流制。

（2）近远期结合，根据远期规划，合理确定近期实施目标。

（3）竖向净距在0.15米，以保证各种管线竖向互不影响。

（4）要求覆土≥90厘米，不满足的应加保护处理。

（5）雨水、污水管线与其他管线之间的水平间距为1.5～2.0米。

（6）雨水、污水管线平行于道路中心线。

（二）计算公式及设计参数

1. 污水量计算

污水量（立方米/天）=用水量指标［立方米/（公顷·天）］×不同类别用地规模（公顷）×污水折减系数。

2. 其他设计参数

（1）排水管渠的最小设计流速。

污水管道在设计充满度下为 0.6 米/秒。

（2）管道粗糙系数 n。

钢筋混凝土管取 $n=0.013 \sim 0.014$。

（3）污水管道最大设计充满度，如表5-4所示。

表5-4 污水管道最大设计充满度

管径	最大设计充满度
200 ~ 300	0.55
350 ~ 450	0.65
500 ~ 900	0.70
≥1 000	0.75

（三）管材、管基及附属设施

1. 管材

管道采用Ⅱ级钢筋混凝土管管道，参见国标《混凝土和钢筋混凝土排水管》（GB/T 11836—2009）。钢筋混凝土管道采用承插接口，橡胶圈密封；管道与检查井柔性连接，采用预制混凝土套环和橡胶密封圈接口。污水必须满足闭水试验要求。

2. 管基

钢筋混凝土管道：管道覆土 0.7 米≤H≤3 米时，采用120°石粉基础；管道覆土3 米<H≤4.5 米和管道覆土4.5 米<H≤7.0 米时，采用180°砂石基础。

3. 检查井

检查井结构、井盖等做法全部参照《青岛市城市道路检查井通用图集》选型和设计。

4. 沟槽回填

沟槽回填做法同雨水管道沟槽回填做法。

第七节 防汛排涝指挥系统建设

加强防汛排涝指挥系统现代化的建设，减少洪水灾害损失，是防洪减灾不可缺少的组成部分，是确保规划区防洪安全、配合工程措施达到防洪除涝目标的重要手段。其主要采取颁布和实施法令、政策及防洪工程以外的技术手段等措施。

一、防洪排涝指挥系统

我国现代化的防汛指挥系统建设正在发展之中，从信息管理系统上升到决策支持系统，是今后发展的重点。其主要利用空间信息技术、计算机网络技术和现代通信等高新技术，给防汛指挥调度提供技术支持和领导决策意见，解决防洪救灾中的重大技术难题。

上合示范区防汛排涝指挥系统是胶州市防汛指挥系统的一部分，是胶州市防汛抗旱指挥部实施调度、决策、指挥的辅助支持系统。防汛治涝指挥系统建设不仅包含电子系统平台的建设，还包括片区实地信息数据采集、监测站点布设、预警预报等工作内容。

二、防洪排涝预案

根据防洪规划的调度要求，结合规划区防洪排涝的实际情况，编制切实可行的防洪排涝预案。

（一）防御准备阶段

汛前要对堤防、水闸等有关防汛设施进行全面检查，确保其正常运行，检查有关防汛抢险物资、抢险队伍筹备情况；进入汛期后，防汛部门要加强防汛值班，提前做好防御准备工作。

（二）防御行动阶段

当洪水过境或风暴潮登陆时，防汛指挥部门人员进岗到位，根据实际情况检查部署各项防汛准备工作，及时通报情况，上传下达，做好防汛调度。水文、气象部门要加强对雨情、水情和风暴潮的监测预报，及时向有关部门通报；电信部门要确保雨情、水情、险情、灾情的及时、准确传递；电力部门要加强线路设备检查、抢修，确保水闸的供电，及时解决抗灾电力；物资部门要保证有关防汛救灾物资的组织调运和供应工作；交通部门要及时抢修道路，保证防汛抢险车辆行驶畅通。

（三）灾后处理阶段

当降雨基本停止，洪水已经过境，水位下降到警戒水位以下时，防汛部门应及时总结抗灾减灾的经验教训，了解掌握灾情损失，统计汇总并及时向上一级有关部门报告，检查水利工程设施，组织力量及时修复。

三、超标准洪水防御方案

（一）超标准洪水工程性措施

1. 防洪措施

由于超标准洪水一般历时较短，发生概率较小，汛前应在穿堤路口等无堤防处准备砂石料等封堵材料，在超标准洪水发生时用于应急抢险。

2. 排涝措施

（1）在主要排涝渠道上设置支渠，并设置排水闸，作为规划排涝渠道的辅助及补充措施，对地块超标准洪水进行分流。

（2）对重要性较高的构筑物可以适当配备排涝设备及泵站，辅助排水，避免损失。

（3）规划区增设机动排涝设备（移动式水泵等），配备专业的防汛排涝抢险队伍。

（二）超标准洪水减灾应急措施

当发生超标准洪水时，在青岛市政府和市防汛指挥部的统一领导下，通过广播、电视、电话、电报等发出紧急指令，动员广大干部群众和驻青官兵全力投入抗洪抢险工作，流域上下游要共同承担责任和义务，弃一般保重点，最大限度地减少洪灾损失。

第六章

**≪≪≪ 非开挖修复地下管网
助力提质增效**

第一节　管道非开挖修复技术简介

城市排水管网是现代化城市不可缺少的重要基础设施，从排水管道建设和运行的调查结果显示，除建设年代已久的管道存在损坏现象外，部分建设年代较近的管道也由于周边地质条件及施工质量等出现不同程度的结构性和功能性损坏现象。受制于道路路面交通量大、实施空间不足等因素，对存在缺陷的管道进行非开挖修复是十分必要的。

管道非开挖修复是指在地表不开挖或微开挖的条件下，完成地下供水、排水、供暖、燃气、电力等管道和管廊的建设、更新或修复，该技术具有不影响交通、施工周期短的优点，且不会对相邻管线、道路等设施造成破坏，是城市地下管线建设、更新与修复最低碳、最环保、最经济的方案，对提高城市基础设施的可持续性、降低维护和修复成本、减少对环境的负面影响、构建更具可持续性的城市环境、提高城市排水系统性能和安全性，具有重要的社会和经济意义。

随着城市化进程的加速和基础设施的老化，非开挖修复技术已较多地应用到排水管道中。目前，常用的排水管道非开挖修复按技术可分为土体注浆法、嵌补法、套环法、局部内衬法、现场固化内衬法、螺旋管内衬法、短管及管片内衬法、牵引内衬法、涂层法和裂管法等；按修复目的可分为防渗漏型、防腐蚀型和加强结构型三类；按修复范围可分为辅助修复、局部修复和整体修复三类。（图6-1）

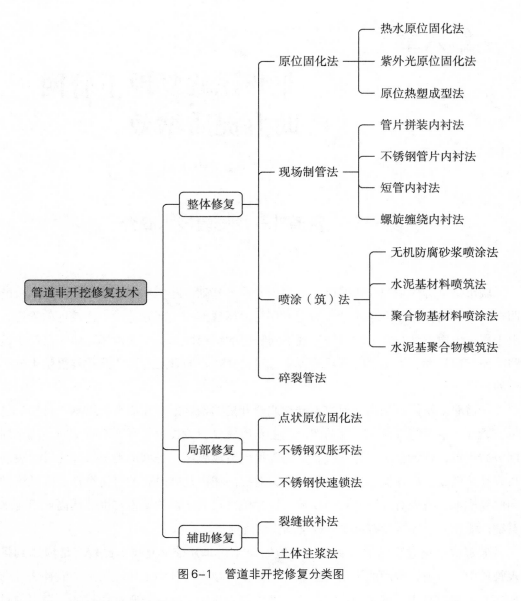

图6-1　管道非开挖修复分类图

一、热水原位固化法

热水原位固化法的原理是将浸渍树脂的无纺布或编织物作为载体，通过热水的作用使其翻转并进入管道内部，然后在热水的作用下，使树脂在管道内固化，形成一层紧贴原管的坚固内衬，实现对管道的整体修复。

热水原位固化法的工艺流程包括以下几个步骤。

（1）管道清洗：使用高压水枪对管道进行清洗，去除管道内的污垢和杂质，保证管道内部的清洁。

（2）翻转准备：将浸渍树脂的无纺布或编织物根据管道的长度和直径进行裁剪和拼接，使其成为适合管道内部的形状。

（3）热水加压：使用热水加压设备将浸渍树脂的无纺布或编织物翻转并推入管道内部，热水的作用是使无纺布或编织物翻转并充满管道内部。

（4）树脂固化：在管道内部充满热水的情况下，使树脂在管道内固化，形成一层紧贴原管的坚固内衬。

（5）冷却和收缩：在热水的作用下，管道内部的树脂逐渐冷却并收缩，形成更加紧密的内衬结构。

（6）管道检测：使用检测设备对修复后的管道进行检测，确认修复质量和效果。

热水原位固化法作为一种非开挖修复技术，具有以下优点：适用范围广，热水原位固化法适用于各种类型的管道，如圆形、椭圆形、方形等管道的修复；热水原位固化法的施工周期相对较短，可以快速完成修复工作，减少对交通和周边环境的影响；与传统的开挖修复相比，热水原位固化法的成本较低，可以节约大量的材料和人工成本；热水原位固化法不需要使用任何化学试剂或加热设备，对环境的影响较小。

虽然热水原位固化法具有许多优点，但在实际应用中仍存在一些局限性：对于管道变形严重、口径狭窄或弯曲度较大的管道，热水原位固化法可能无法达到理想的修复效果；对于管道内部有尖锐残留物的情况，热水原位固化法可能无法完全覆盖管道内壁。这时，需要在施工前对管道进行彻底清洗和检查，去除尖锐残留物；对于长距离、大口径的管道修复，热水原位固化法的施工难度较大，需要采用其他修复方法进行处理。

热水原位固化法适用于各种类型的管道修复，如雨水管道、污水管道、水管等。其应用范围广泛，可以在城市的各个季节进行施工，特别适合在冬季和雨季等恶劣天气条件下进行管道修复。同时，由于其施工方法简单、安全可靠，因此也适用于各种类型的管道修复工程。

二、紫外光原位固化法

紫外光原位固化法采用牵拉方式将浸渍光固性树脂软管置入原有管道内并与原管道紧密贴合后，通过紫外光照射使其固化形成内衬管的修复方法。

紫外光固化法作为一种非开挖修复技术，具有以下优点：固化速度非常快，可以在很短的时间内完成树脂的聚合固化；不需要使用任何化学试剂或加热设备，对环境的影响较小；适用于各种类型如圆形、椭圆形、方形等的管道修复；与传统的开挖修复相比，紫外光固化法的成本较低，可以节约大量的材料和人工成本。

紫外光固化法存在的局限性：对于管道变形严重、口径狭窄或弯曲度较大的管道，紫外光固化法可能无法达到理想的修复效果，此时需要采用其他修复方法进行处理；对于管道内部有尖锐残留物的情况，紫外光固化法可能无法完全覆盖管道内壁，需要在施工前对管道进行彻底清洗和检查，去除尖锐残留物；对于长距离、大口径的管道修复，紫外光固化法的施工难度较大，需要采用其他修复方法进行处理；紫外光固化法需要使用高功率的紫外光设备，对于一些深层的管道修复可能无法达到预期的效果，需要采用其他修复方法进行处理；对于一些材质特殊的管道，如不锈钢、铜管等，紫外光固化法可能不适用，需要采用其他修复方法进行处理。

紫外光固化法适用于各种类型的管道修复，如雨水管道、污水管道、水管等。其应用范围广泛，可以在各个季节进行施工，特别适合在冬季和雨季等恶劣天气条件下进行管道修复。同时，由于其施工方法简单、安全可靠，因此也适用于各种类型的管道修复工程。

三、原位热塑成型法

原位热塑成型法是采用牵拉方法将压制成"C"形或"H"形的内衬管置入原有管道内，然后通过静置、加热、加压等方法将衬管与原有管道紧密贴合的管道内衬修复技术。

原位热塑成型法的优点：适用于各种类型的管道，如圆形、椭圆形、方形等管道的修复；热塑成型材料具有良好的耐腐蚀性和耐磨损性，可以长期保持管道的性能，不需要使用任何化学试剂或加热设备，对环境的影响较小。

原位热塑成型法的缺点：施工周期相对较长，需要耗费较多的时间和人力；需要使用特殊的热塑成型材料，成本相对较高；需要高技术的施工人员和技术支持，对技术的要求较高；对于管道内部有尖锐残留物的情况，原位热塑成型法可能无法完全覆盖管道内壁，需要在施工前对管道进行彻底清洗和检查，去除尖锐残留物；对于长距离、大口径的管道修复，原位热塑成型法的施工难度较大，需要采用其他修复方法进行处理。

原位热塑成型法适用于各种类型的管道修复，如圆形、椭圆形、方形等管道的修复，可修复错位、变径、带角度的管道，且可以在管道部分渗漏的情况下进行修复。

四、管片拼装内衬法

管片拼装内衬法是将聚氯乙烯（简称PVC）片状型材料在原有管道（检查井）内，通过螺栓连接形成内衬，并对内衬与原管（井壁）之间的空隙进行填充的修复方法。

管片拼装内衬法的优点：施工工艺简单，易学易做，对工人的技术要求低；施工速度快，分段施工时对交通和周边环境的影响轻微；仅使用绞车等一般市政施工设备，不需要专用的设备，投资少，施工成本低。

管片拼装内衬法的缺点：施工难度较大，需要较高的技术水平和操作技能；同时，对于一些特殊的环境条件的修复也需要采取相应的措施和技术处理。

管片拼装内衬法的适用范围很广，可以适用于各种材质和规格的管道，特别是对严重变形和损坏的旧管道进行整体更换或者局部修补的情况非常有效。

五、不锈钢管片内衬法

不锈钢管片内衬法是将不锈钢管片在管道（检查井）内通过焊接连接形成内衬，并对内衬与原管（井壁）之间的空隙进行填充的修复方法。

不锈钢管片内衬法的优点：不锈钢材料具有优秀的耐腐蚀性，可以有效地防止各种化学物质的侵蚀，保证管道的长期稳定运行；不锈钢材料无毒无味，对环境无害，是一种环保型管道材料；不锈钢材料具有良好的力学性能，可以承受较高的压力和振动，保证管道的安全运行；不锈钢材料具有较长的使用寿命，一般情况下可以使用50年之久；不锈钢内衬光滑，可以减少流体的阻力，提高流体的输送效率。

不锈钢管片内衬法的缺点：不锈钢材料价格较高，导致不锈钢管片内衬法的成本相对较高；不锈钢材料硬度较大，加工和连接相对困难，需要专业的技术和设备支持；不锈钢材料的焊接需要高技术的施工人员和技术支持，对焊接技术的要求较高；不锈钢管片内衬法需要在管道运行期间进行维修和更换，需要停产和排空管道内的介质。

不锈钢管片内衬法适用于各种腐蚀性较强的介质输送管道的修复和更换，如化工、石油、医药等领域。在要求管道耐腐蚀、环保、安全运行的场合，不锈钢管片内衬法是一种理想的选择。

六、短管内衬法

短管内衬法是采用牵拉、顶推方式将预制HDPE塑料短管置入原有管道形成内衬，并对内衬与原管之间的空隙进行填充的修复方法。

短管内衬法的优点：短管内衬法施工简便，对施工条件的要求较低，可以在较短时间内完成管道修复工作；短管内衬法不需要开挖路面，对交通的影响较小；短管内衬法的成本相对较低，材料成本和人工成本均较低；短管内衬法适用于各种材质和规格的管道修复，如铸铁、混凝土、塑料等管道。

短管内衬法的缺点：短管内衬法的使用寿命较短，一般只有 2～5 年，需要定期更换；短管内衬法对于管道变形的适应性较差，如果管道变形严重，需要进行额外的处理；短管内衬法要求管道内部光滑，如果管道内部有杂质或破损，需要进行清理和修复；短管内衬法的管径一般比原管道小，可能会影响流体的流量和输送能力。

短管内衬法适用于管道较短、管道变形较小、对管道使用寿命要求不高的场合，如小区内部排水管道、建筑工地排水管道等。同时，短管内衬法也可以作为其他修复方法的补充，用于局部修复或应急抢修等情况。

七、螺旋缠绕内衬法

螺旋缠绕内衬法是将带状材料置入原有管道，通过螺旋缠绕的方式形成连续内衬，并对内衬与原管之间的空隙进行填充的修复方法。

螺旋缠绕内衬法的优点：适用于各种类型的管道修复，如圆形、椭圆形、方形等管道的修复，该方法也可以用于管道的局部修复和延长使用寿命；螺旋缠绕内衬材料具有良好的耐腐蚀性和耐磨损性，可以长期保持管道的性能，该材料的密封性能较好，可以有效地防止渗漏和污染；螺旋缠绕内衬法使用的材料环保无毒，该方法不需要使用化学试剂和加热设备，对环境的影响较小；螺旋缠绕内衬法的施工过程相对简单，不需要开挖路面和破坏管道结构，可以在较短的时间内完成修复工作，该方法对交通和周边环境的影响较小；螺旋缠绕内衬法的成本相对较低，材料成本和人工成本均较低，该方法还可以延长管道的使用寿命，降低维修和维护成本；螺旋缠绕内衬管具有光滑的表面，可以减小流体在管道内的阻力，提高流体的输送效率。

螺旋缠绕内衬法的缺点：需要高技术的施工人员和技术支持，对技术的要求较高，对施工精度要求较高，需要仔细操作以保证修复效果；要求旧管道在修复过程中保持一定的稳定性和形态，对于存在较大变形的管道需要进行相应的处理和加固；适用于具有足够强度和刚度的管道材质，对一些脆弱的管道材质可能不适用；需要在管道运行期间进行维修和更换，需要停产和排空管道内的介质。

螺旋缠绕内衬法适用于各种腐蚀性较强的介质输送管道的修复和更换，如化工、石油、医药等领域。在要求管道耐腐蚀、环保、安全运行的场合，螺旋缠绕内衬法是一种理想的选择。此外，该方法也适用于管道局部修复和延长使用寿命的情况。

八、无机防腐砂浆喷涂法

无机防腐砂浆喷涂法是通过离心或人工方式将修复用无机防腐砂浆喷涂至管壁后

固化形成内衬的修复方法。

无机防腐砂浆喷涂法的优点：无机砂浆主要由特种水泥、矿物掺和料、骨料和外加剂等组成，具有出色的耐酸、耐碱、耐腐蚀性能，能够抵御多种化学物质的侵蚀；无机砂浆与各种材料之间具有很强的黏结力，不易产生脱落或开裂，保证了防腐层的稳定性和可靠性；无机防腐砂浆采用喷涂方式进行施工，可以快速、均匀地喷涂在设备或管道表面，提高了施工效率；与传统的有机防腐涂料相比，无机砂浆的材料成本相对较低，且使用寿命较长，从而降低了整体成本；无机砂浆的成分天然、无毒，对环境友好，且不易燃易爆，安全性能高。

无机防腐砂浆喷涂法的缺点：无机砂浆的施工需要在干燥、无尘的环境中进行，对基层的要求较高，如有油污、水汽或疏松部分需进行预处理；无机砂浆硬化后强度较高，可能会对某些基材产生应力集中现象，同时也存在耐磨性较差的问题；无机砂浆的颜色相对单一，一般为灰色或白色，对于需要不同颜色的装饰场合可能不太适用。

无机防腐砂浆喷涂法广泛应用于石油、化工、电力、建筑、冶金等行业的设备、管道、钢结构等设施的防腐保护及修复补强，如烟囱内壁、污水处理设备、煤气柜、管道和泵站等设施的防腐保护。该方法特别适用于需要承受高腐蚀性环境或频繁接触化学物质的场所。

九、聚合物材料喷涂法

聚合物材料喷涂法是通过离心或压力喷射方式将修复用聚合物基材料覆盖在带修复管道或井室内部固化形成内衬的修复方法。

聚合物材料喷涂法的优点：聚合物材料与各种材料之间具有强黏结力，不易脱落和剥离，能够有效地保护设备或管道免受腐蚀和磨损；聚合物材料具有优良的抗冲击性、耐磨性、耐候性和耐化学腐蚀性等特点，能够长期保持其性能和使用效果；聚合物材料可以根据需要进行剪切、卷曲等加工，方便施工，同时也能够适应各种复杂形状的设备和管道；聚合物材料颜色丰富多样，可以根据需要进行调色和定制，满足不同装饰效果的需求；聚合物材料无毒无味，对环境友好，且不易燃易爆，安全性能高。

聚合物材料喷涂法的缺点：聚合物材料成本相对较高，增加了施工成本。同时，与传统的涂料相比，其价格也相对较高；聚合物材料喷涂需要在干燥、无尘的环境中进行，对施工环境和基层的要求较高，同时，聚合物材料的配制和施工需要专业的技术和经验，对施工人员的技能要求较高；某些聚合物材料可能会对某些基材产生腐蚀作用，需要注意选择合适的材料和施工方法；聚合物材料需要定期进行保养和维护，如清洁、打蜡等，以保证其使用效果和使用寿命。

聚合物材料喷涂法广泛应用于建筑、桥梁、道路、隧道等领域的防水、防腐、耐磨、抗冲击等防护与修复工程，如高速公路护栏、隧道壁画装饰、建筑物外墙装饰等。该方法特别适用于需要承受高腐蚀性环境或频繁接触化学物质的场所。

十、水泥基材料喷筑法

水泥基材料喷筑法是通过离心或压力喷射方式将修复用水泥基材料均匀覆盖在待修复管道或井室内壁后固化形成内衬的修复方法。

水泥基材料喷筑法的优点：水泥基材料硬化后具有较高的强度，能够满足各种工程需求；水泥基材料具有较好的耐久性，使用寿命较长，能够抵御自然环境和化学物质的侵蚀；水泥基材料成本相对较低，适用于大规模施工项目；水泥基材料喷筑可以通过喷射方式进行施工，能够快速、均匀地喷涂在基层上，提高了施工效率；水泥基材料喷筑适用于各种基层材料，如混凝土、钢材、木材等，适用范围广泛。

水泥基材料喷筑法的缺点：水泥基材料喷筑需要在干燥、无尘的环境中进行，对基层的要求较高，如需对有油污、水汽或疏松部分进行预处理；水泥基材料硬化过程中易产生收缩，可能导致裂纹或脱落，因此需要添加适量的外加剂以控制其收缩率；喷射的水泥基材料厚度不易控制，需要经验丰富的施工人员掌握喷射技巧；水泥基材料颜色相对单一，一般为灰色或白色，对于需要不同颜色的装饰场合不太适用；喷射的水泥基材料容易产生粉尘，对环境造成污染，且施工时需要对喷射的角度和距离等技术参数进行控制等。

水泥基材料喷筑法广泛应用于建筑、桥梁、道路、隧道等领域的防水、防腐、耐磨、抗冲击等防护与修复工程，如高速公路护栏、隧道壁画装饰、建筑物外墙装饰等。该方法特别适用于需要承受高腐蚀性环境或频繁接触化学物质的场所。

十一、聚合物改性水泥基模筑法

聚合物改性水泥基模筑法是采用高压泵送工艺将聚合物改性水泥基流态防腐材料压注到密闭模腔内，需要时在腔内设置钢筋网片，固化后拆模，达到对原有管涵进行结构加固的修复方法。

聚合物改性水泥基模筑法的优点：通过聚合物改性，可以提高水泥基材料的各项性能，如耐磨性、耐久性和抗冲击性等，使其能够更好地适应各种复杂环境和用途；聚合物改性水泥基材料具有较好的美观性，可以用于装饰和修补工程，如地面、墙面、柱体等的美观处理；聚合物改性水泥基材料与各种材料之间具有强黏结力，不易脱落和剥离，能够有效地保护设备或管道免受腐蚀和磨损；聚合物改性水泥基材料施工简便，可以通过常规的抹灰、浇注、喷涂等方式进行施工，操作简便易行；聚合物改性水泥基材料无毒无味，对环境友好，且不易燃易爆，安全性能高。

聚合物改性水泥基模筑法的缺点：聚合物改性水泥基材料成本相对较高，增加了施工成本，同时，与传统的涂料相比，其价格也相对较高；聚合物改性水泥基材料的施工需要在干燥、无尘的环境中进行，对基层的要求较高，同时，聚合物材料的配制和施工需要专业的技术和经验，对施工人员的技能要求较高；某些聚合物材料可能对某些基材产生腐蚀作用，需要注意选择合适的材料和施工方法；聚合物改性水泥基材料需要定期进行保养和维护，如清洁、打蜡等，以保证其使用效果和使用寿命。

聚合物改性水泥基模筑法广泛应用于建筑、桥梁、道路、隧道等领域的防水、防腐、耐磨、抗冲击等防护与修复工程，如高速公路护栏、隧道壁画装饰、建筑物外墙装饰等。该方法特别适用于需要承受高腐蚀性环境或频繁接触化学物质的场所。

十二、碎裂管法

碎裂管法是应用碎（裂）管设备将原有管道从内部破碎或割裂原管道，碎片被挤入周围土体形成管孔，并同步拉入新管道的更新修复方法。

碎裂管法的优点：碎裂管法不需要开挖路面或破坏周围环境，可以在不影响交通、不中断服务的情况下进行施工，有效减少了施工时间和成本；碎裂管法适用于各种管道材料的修复，如混凝土、钢铁、塑料等，并且可以应用于各种管径和管道类型，如排水管道、给水管道、污水管道等；碎裂管法使用机械或水力破碎管道，施工效率高，可以在短时间内完成大量管道的修复工作；由于碎裂管法不需要开挖路面，避免了破坏周围环境和对交通的影响，同时也减少了施工噪声和尘土污染。

碎裂管法的缺点：碎裂管法主要用于局部修复，对于需要大范围修复的管道不太适用；碎裂管法要求管道内部没有障碍物或结垢等，否则可能会影响修复效果；碎裂管法需要专业的施工人员和技术支持，对施工人员的技能和经验要求较高；由于碎裂管法使用机械或水力破碎管道，可能会对管道附近的结构造成损坏，需要注意安全问题。

碎裂管法广泛应用于排水管道、给水管道、污水管道等各类管道的非开挖修复工程中。该方法特别适用于管道堵塞、渗漏、裂缝等问题的局部修复，具有较好的经济效益和社会效益。同时，碎裂管法也可以用于管道的新建和扩径施工。

十三、点状原位固化法

点状原位固化法是将经树脂浸透后的织物缠绕在修复气囊上，拉到管道待修复位置，修复气囊充气膨胀后使树脂织物压粘于管道上，保持压力，待树脂固化后形成内衬的局部修复方法，又称作点状CIPP法。

点状原位固化法的优点：由于是原位修复，不需要大规模开挖，减少了对周围环境和生态的影响；施工时不需要封闭交通，对社会交通的影响降到最低；与传统的更换管道方法相比，原位固化法通常成本较低，因为它减少了挖掘、运输和路面恢复的成本；修复工作可以迅速完成，尤其适用于紧急修复工程；适用于各种管径、材质和形状的管道修复，包括弯曲或变径的管道；作为一种成熟的非开挖技术，点状原位固化法已经在全球范围内得到广泛应用；能够有效恢复管道的结构强度，延长管道的使用寿命。

点状原位固化法的缺点：对于大面积损坏或整体结构性问题，点状原位固化法可能不是最佳选择；施工需要专业的设备和经验丰富的技术人员，初期投资较大；固化材料需要一定时间才能达到设计强度，可能会影响施工进度；相对于传统的开挖更换方法，非开挖修复技术的长期性能数据较少；固化后的管道内径可能会略有减小。

点状原位固化法广泛应用于排水管道、给水管道、污水管道等各类管道的修复工程中。该方法特别适用于管道局部损伤、渗漏、裂缝等问题的修复，具有较好的经济效益和社会效益。同时，点状原位固化法也可以用于新建管道的内部防腐保护层施工。

十四、不锈钢双胀环法

不锈钢双胀环法是以不锈钢胀环和止水橡胶带为主要修复材料，在管道接口或缺陷部位安装止水橡胶带，再用两道不锈钢胀环固定的管道局部修复方法。

不锈钢双胀环法的优点：不锈钢双胀环法适用于各种管径和类型的管道，如排水管道、给水管道、污水管道等；不锈钢双胀环法使用不锈钢材料，具有高强度和耐久性，能够承受高压和腐蚀性介质；通过双胀环结构，能够实现可靠的密封效果，有效防止介质泄漏；不锈钢双胀环法的安装和维修简便，不需要特殊的工具和设备。

不锈钢双胀环法的缺点：不锈钢双胀环法要求管道内部没有障碍物或结垢等，否则可能会影响修复效果，需要进行前期清理和准备工作；不锈钢双胀环法的施工周期相对较长，需要一定的时间来完成整个修复过程；不锈钢双胀环法的安装和拆卸需要专业的施工人员和技术支持，对施工人员的技能和经验要求较高。

不锈钢双胀环法广泛应用于排水管道、给水管道、污水管道等各类管道的修复工程。该方法特别适用于管道局部损伤、渗漏、裂缝等问题的修复，具有较好的经济效益和社会效益。同时，不锈钢双胀环法也可以用于新建管道的内部防腐保护层施工。

十五、不锈钢快速锁法

不锈钢快速锁法是以不锈钢圈、橡胶套和锁紧机构为主要修复材料，在管道接口或缺陷部位将不锈钢圈通过修复气囊或人工方式扩张后，再将橡胶套用锁紧机构固定的管道局部修复方法。

不锈钢快速锁法的优点：不锈钢快速锁法采用快速锁结构，使得安装和拆卸更加迅速简便，缩短了施工周期；不锈钢快速锁法适用于各种管径和类型的管道修复，如排水管道、给水管道、污水管道等；不锈钢快速锁法使用不锈钢材料，具有高强度和耐久性，能够承受高压和腐蚀性介质；通过快速锁结构，能够实现可靠的密封效果，有效防止介质泄漏。

不锈钢快速锁法的缺点：不锈钢快速锁法要求管道内部没有障碍物或结垢等，否则可能会影响修复效果，需要进行前期清理和准备工作；不锈钢快速锁法的安装和拆卸需要专业的施工人员和技术支持，对施工人员的技能和经验要求较高；相对于其他修复方法，不锈钢快速锁法使用的材料成本较高，增加了施工成本。

不锈钢快速锁法广泛应用于排水管道、给水管道、污水管道等各类管道的修复工程。该方法特别适用于管道局部损伤、渗漏、裂缝等问题的快速修复，具有较好的经济效益和社会效益。此外，不锈钢快速锁法也可以用于新建管道的内部防腐保护层施工。在需要进行快速修复的场合，如紧急抢修等情况下，不锈钢快速锁法具有显著的优势。

第二节　环境效益

非开挖修复技术的推广应用有助于减少对传统管道修复方法的需求，从而减少对路面开挖的需求，降低碳排放。同时，非开挖修复技术还可以提高管道设施的使用寿命，减少管道设施的更换频率，从而进一步降低碳排放。非开挖修复技术有助于实现碳达峰和碳中和的目标。

管道非开挖修复的环境效益还体现在以下几个方面。

（1）减少地表破坏：传统的管道修复方法往往需要开挖地面，这不仅破坏了土壤和植被，还可能导致土壤侵蚀和水源污染风险的增加。而非开挖修复技术则能够在不挖掘地面的情况下进行修复，大大减少了这些风险。

（2）保护水体资源：传统的管道修复方法在开挖过程中可能对水体造成污染，如附近的河流、湖泊等。而非开挖修复技术则可以避免这种风险，有助于保护水体资源。

（3）减少噪声和空气污染：非开挖修复技术产生的噪声和空气污染相对较少，对周围居民的生活质量和健康影响较小。

（4）节省资源和降低能耗：非开挖修复技术不需要开挖地面，因此不会产生大量的建筑垃圾，同时降低了修复过程中的能耗，有助于实现可持续发展的目标。

（5）提高管道设施的使用寿命：非开挖修复技术可以有效地修复和更新管道设施，提高其使用寿命，从而减少了对新设施的需求，进一步降低了环境负担。

总的来说，管道非开挖修复技术对环境的影响较小，有助于保护土壤、水体等自然资源，同时也有助于减少能耗和资源消耗，提高城市基础设施的运营效率，还有助于实现碳达峰和碳中和的目标，是实现可持续发展的重要手段之一。

第三节　管道非开挖修复技术在城市更新中的作用

在城市更新过程中，管道作为城市基础设施的重要组成部分，其修复和更新成了一个关键问题。传统的管道修复方法往往涉及大规模的地面开挖工作，这不仅对交通和市民日常生活造成了极大干扰，而且可能破坏公共设施、绿地和历史遗迹。非开挖修复技术的出现为解决这些问题提供了新的途径。这种技术可以在不破坏地面的情况下修复或更换地下管道，大幅减少了对环境的影响和施工期间的社会成本。

随着技术的不断进步和应用范围的扩大，管道非开挖修复技术逐渐成为城市更新中的一种重要手段。首先，城市更新需要解决城市基础设施老化、管道破损等问题，以提高城市的运行效率和居民的生活质量。而管道非开挖修复技术作为一种高效、环保的修复方法，能够快速、准确地修复管道，避免因开挖路面带来的交通拥堵、环境污染等问题，符合城市更新的需求。

其次，管道非开挖修复技术的发展也为城市更新提供了更多的选择。随着技术的不断进步，非开挖修复方法越来越多样化，如紫外光固化修复、螺旋缠绕修复等，这些方法可以根据不同的管道材质、破损情况选择使用，提高了修复的针对性和效果。同时，非开挖修复技术还可以与其他技术相结合，如与地下管道机器人等技术配合使用，实现更加全面、智能的城市基础设施监测和维护。

最后，管道非开挖修复技术的推广应用也有助于推动城市更新的进程。通过非开挖修复，可以延长管道的使用寿命，提高管道的排水防涝能力，从而保障城市的正常运行。同时，非开挖修复技术还可以降低对环境的影响，有助于推动城市的绿色发展。

综上所述，管道非开挖修复技术与城市更新相互促进，共同推动城市的可持续发展。通过推广应用非开挖修复技术，可以解决城市基础设施老化、管道破损等问题，提高城市的运行效率和居民的生活质量，为城市更新提供更多的选择和支撑。同时，城市更新也为非开挖修复技术的发展提供了更广阔的应用场景和市场需求。

第四节　管道非开挖修复技术在上合示范区的应用

一、项目概况

目前，上合示范区已初步形成以金湖、如意湖为界的南、北两个污水处理系统。南部污水处理系统西起生态大道—尚德大道，东至交大大道—生态大道—长江路—和谐大道，南起生态大道，北至金湖、如意湖水系，服务面积 14.9 平方千米；北部污水处理系统西起生态大道，东至大沽河，南起金湖、如意湖，北至青银高速，服务面积 23.5 平方千米。项目实施改造前污水厂进厂 BOD_5 平均浓度为 108.7 毫克/升，远达不到设计值（300 毫克/升）。

上合示范区不断加大对排水基础设施的投入和建设，区域管网全部为雨污分流制。现有排水管道 217 千米，其中雨水管道约 130 千米，污水管道约 87 千米。示范区内存在多处雨污混接导致的污水直排，河道的水质受到重大影响，排水系统收集处理效能也无法完全发挥。为切实做好污水处理提质增效，解决排水系统收集处理效能不佳的问题，示范区对现有管网开展了包括物探测绘、雨污混接调查等内容的系统排查工作，并针对排查检测发现的问题进行了修复改造。

二、管网缺陷检测结果

管道缺陷主要包括结构性缺陷和功能性缺陷两大类，其中结构性缺陷包括破裂、变形、错口、脱节、渗漏、腐蚀、支管暗接、异物穿入、起伏和接口材料脱落，功能性缺陷包括沉积、残墙、坝根、浮渣、树根和障碍物。本项目检测结果有如下内容。

（一）管道结构性缺陷

本次检测管道结构性缺陷主要为错口、脱节和破裂。错口缺陷主要表现为Ⅲ级和Ⅳ级，管网缺陷严重，结构受到严重影响或即将导致破坏，风险较大；脱节缺陷主要表现为Ⅰ级和Ⅱ级，即表现为轻中度缺陷，对管网影响较小，但有变坏和加重的趋势；破裂缺陷主要表现为Ⅰ级和Ⅱ级，即表现为轻中度缺陷，对管网影响较小，但有变坏和加重的趋势。

该区域淤泥软土层较厚，未充分考虑管道基础处理，再加上道路长时间不均匀沉降，导致管道连接口部位脱节。另外，因管道两侧不均匀沉降，接口受力不均匀，使得管道错口缺陷有加重的趋势。电缆、自来水、燃气等其他管道直接穿过排水管道施工，导致管道出现破裂，同时，施工过程中的偷工减料，导致管道强度不满足要求，管道的外部压力超过自身的承受力致使管道发生破裂。

（二）管道功能性缺陷

本次检测管道功能性缺陷主要为沉积、障碍物和结垢。沉积缺陷中表现为Ⅲ级和Ⅳ级，比重较大，管道过流能力受到严重影响，即将或已经导致污水管网系统运行瘫痪；障碍物缺陷主要表现为Ⅱ级和Ⅲ级，管道内存在坚硬的杂物，如石头、柴枝、树枝、遗弃的工具、破损管道的碎片等，对管网系统运行产生一定的影响；结垢主要表现为Ⅰ级和Ⅱ级，即表现为轻中度缺陷，对管网影响较小，但有变坏和加重的趋势。

沉积缺陷严重，主要由清淤维护不及时导致，杂质淤积在管道底部，严重影响了管网输送能力，同时障碍物缺陷和结构缺陷也在呈逐渐增加的态势。

三、管网修复改造

（一）修复原则

（1）对结构性缺陷管段进行非开挖修复，对功能性缺陷进行清淤疏浚。结构性缺陷的修复范围包括Ⅲ级和Ⅳ级缺陷，原则上Ⅰ级、Ⅱ级结构性缺陷不修复。

（2）管道疏浚应以安全、环境、资源为指导原则。① 安全，指在实施过程中，要注意下井人员的操作安全，注意实施过程中周边行人和车辆的安全。② 环境，指在实施过程中，应注意淤泥的收集和清运，不要污染环境，尽量避免捞上来的污泥乱堆乱弃，通过路面雨水口又重新回到排水管道中。③ 资源，指疏捞上来的污泥量较大，应考虑资源化综合利用。

（3）原则上优先选择非开挖修复方式，以减少施工对交通的影响，缩短周期。特别是管道沿线地下管线较密集路段，采用非开挖修复。

（4）管道修复应以技术先进、安全可靠、经济合理、确保质量、保护环境为原则。① 技术先进，指设计与施工中应尽量采用自动化、机械化水平高的工艺和设备。② 安全可靠，指施工过程中应保证操作环境安全、修复效果稳定，避免出现新的管道塌陷或者效果参差不齐等问题。③ 经济合理，指应经过经济技术比较，在修复效果好的基础上，尽量选择性价比高的技术。④ 确保质量，指修复完成后，能通过管道结构性和功能性复检，并满足相关规范规定的使用年限要求。⑤ 保护环境，指工艺所采用的材料、设备等应满足相关规范要求，在解决现有污染问题后不产生新的污染问题。

（5）主支管的修复设计。同一管段的结构性缺陷少于 3 处且缺陷等级为 3 级时，采用局部修复。同一管段结构性缺陷多于 3 处且缺陷等级为 3 级和 4 级时，采用整体修复。

（6）修复工程应遵循局部修复优先，整体修复次之的顺序，依次选择修复方法。

（二）修复工艺及操作流程

1. CIPP 紫外光固化非开挖修复技术的施工步骤

（1）管道封堵、疏通、冲洗与局部处理。管道修复前需对有水管道进行封堵处理，再采用高压清洗车和吸淤车对修复管道进行疏通、冲洗和抽水；发现管道内壁存在较大凸起、异物穿插等缺陷时应先采用管道切削打磨机器人进行局部处理，避免划伤内衬软管；发现管道存在局部渗漏，影响紫外光内衬固化修复时，应先进行局部点状修复。

（2）管道检测。管道修复前应对管道内壁进行 CCTV 检测，要求能对管道缺陷进行准确定位和判断。

（3）紫外光内衬固化操作。

第一，拉入底膜。拉入软管之前应在原有管道内铺设垫膜（底膜），垫膜应置于原有管道底部，并覆盖大于 1/3 的管道周长，且应在原有管道两端固定。

第二，拉入内衬。按以下规范要求，将内衬管道拉入待修复管段内部：沿管底的垫膜将浸渍树脂的软管平稳、缓慢地拉入原有管道，拉入速度不得大于 5 米/分；在拉入软管的过程中，不得磨损或划伤软管；软管两端应比原有管道长 300 ～ 600 毫米；软管拉入原有管道之后，应对折放置在底膜上。

第三，充气膨胀软管。按内衬软管材料以及管径对充气压力、速度的要求冲入压缩空气，膨胀软管，充气前应仔细检查扎头捆绑是否妥当；充气装置宜安装在软管入口端，且应装有控制和显示压缩空气压力的装置；充气前应检查软管各连结处的密封性，软管末端宜安装调节阀；压缩空气压力应能使软管充分膨胀扩张，紧贴原有管道内壁；应严格按照内衬产品说明书充气流程执行，且不可一次性或过快冲入大量压缩空气膨胀软管，避免导致内衬褶皱，影响固化的管道质量。

第四，紫外光固化。采用紫外光固化时应符合下列规定：紫外光固化过程中内衬管内应保持空气压力，使内衬管与原有管道紧密接触；应根据内衬管管径和壁厚控制紫外光的前进速度；内衬固化完成后，应缓慢降低管内压力至大气压；固化完成后，卸掉扎头，回拉内膜，内衬管端头应进行密封和切割。

第五，支管开孔。有支管的主管道在修复后，应依据管道权属单位的要求，在支管接头位置打磨通孔。寻找打磨钻孔位置的方法主要有：在铺设内衬软管前让切割修复机器人进入管道，行驶至支管位置处在线缆计米器处用胶布记录；优质的内衬材料，在管径合适时，固化后在支管位置处会凹陷，需通过肉眼识别凹陷位置寻找开孔位置；运用推杆式小型切割修复机器人从支管进入，打通从支管到主管内衬的通孔。

2. 点状原位固化法施工顺序

（1）浸渍树脂软管（长度应能覆盖待修复缺陷，且前后应比待修复缺陷至少长200毫米，应绑扎在可膨胀的气囊上，气囊应由弹性材料制成，并能承受一定的水压或气压，有良好的密封性能。

（2）通过气囊或小车将浸渍树脂软管运送到待修复位置，并采用电视检测（CCTV）设备实时监测、辅助定位。

（3）在气囊内注入空气或水使软管膨胀，压力应能保证软管紧贴原有管道内壁，但不得超过软管材料所能承受的最大压力。

（4）待固化完成后缓慢释放气囊内的水或者空气，并取出气囊。

点状原位固化法应对树脂用量、软管浸渍停留时间和使用长度、气囊压力、软管固化温度、时间和压力以及内衬管冷却温度、时间、压力等进行记录和检验。

3. 水泥基材料喷涂法施工顺序

（1）基层处理：清除管道内垃圾，基底应处于吸水饱和、表面潮湿但无明显水渍的状态。

（2）涂底胶：基层平整较差时，在改性剂中掺和适量的水，搅拌均匀后，涂抹在基层。

（3）水泥基涂料配置：将涂料按施工要求比例配置好，用搅拌器搅拌均匀，配料数量根据工程面和完成时间所安排的劳动力而定，配好的材料应在40分钟内用完。

（4）喷涂：喷涂方向垂直于施工面，在狭小空间、远距离或障碍物附近施工时，应调节砂浆的稠度和喷涂速度，每层喷涂的最大厚度不宜超过20毫米。

（5）喷涂完成后应将喷涂层抹平，同一部位不宜反复抹压。

4. 管道修复材料

目前，可用于指导我国管道非开挖修复的标准有《城镇排水管道非开挖修复更新工程技术规程》（CJJ/T 210—2014）和《城镇给水管道非开挖修复更新工程技术规程》（CJJ/T 244—2016），以及在编的《城镇给水排水管道原位固化法修复工程技术规程》，这三项均为施工技术规范，管道修复材料的产品标准仍处于空白状态，亟需研制管道修复材料系列产品标准。本工程根据《城镇排水管道非开挖修复更新工程技术规程》（CJJ/T 210—2014）中的规定，有如下具体内容。

点状原位固化法：所采用的软管的外表面应包覆一层与所采用的树脂兼容的非渗透性塑料膜，多层软管各层的接缝应错开，接缝连接应牢固，软管的横向与纵向抗拉强度不得低于 5 兆帕，软管的长度应大于待修复管道的长度，软管直径的大小应保证在固化后能与原有管道的内壁紧贴在一起。应提供软管固化后的初始结构性能检测报告，并符合《城镇排水管道非开挖修复更新工程技术规程》（CJJ/T 210—2014）中的规定。本工程推荐采用玻璃纤维布和树脂。

水泥基材料喷涂法：主要胶凝材料应为水泥，其他材料包括增强纤维、细骨料和外加剂；材料应为工厂集中生产和统一包装的成品材料；材料应在施工现场只需加推荐比例的搅拌水充分搅拌即可使用；搅拌均匀的拌合物应具有合适的流行性，无泌水或离析现象，并应适合泵送和喷涂施工工艺；材料宜在潮湿表面施工且不影响与基体的黏结。

紫外光固化法：软管基层可由单层或多层聚酯纤维毡或同等性能的材料组成，并应与所用树脂兼容，且应承受施工的拉力、压力和固化温度；软管的外表面应包覆一层与所采用的树脂兼容的非渗透性塑料膜；多层软管各层的接缝应错开，接缝连接应牢固；软管的横向与纵向抗拉强度不得低于 5 兆帕；玻璃纤维增强的纤维软管应至少包含两层夹层，软管的内表面由聚酯毡层加苯乙烯内膜组成，外表面是单层或多层抗苯乙烯或不透光的薄膜；软管的长度应大于待修复管道的长度，软管的大小应保证在固化后能与原有管道的内壁紧贴在一起；应提供软管固化后的初设结构性能检测报告。

（三）修复效果

本工程的实施消除了上合示范区现有道路排水管道存在的结构性缺陷问题，保障了排水管网的安全运行，更好地发挥了排水设施的作用。同时，本项目的实施能避免因排水管道存在结构性缺陷导致的管道承载力不足，进而出现路面塌陷及交通阻塞等情况，造成经济损失。

城市市政排水管道的有效运行是保障市民生活质量和城市环境的重要环节，在管道改造项目中，应以问题为导向，有针对性地提出合理的改造修复措施。通过开展排水管网系统排查和修复改造工作，将应收未收的污水收集进入污水系统，挤出污水系统的地下水、雨水等外水，污水处理厂进水浓度实现了大幅提升，提质增效工作取得了有效进展。

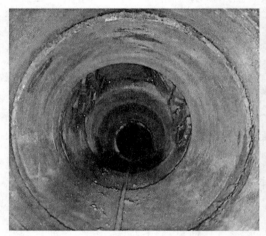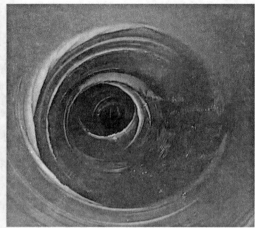

图6-2　管道非开挖修复前后对比图

第七章

≪≪ 交通安全设施补齐　保障城市安全

　　交通安全设施是交通运行的安全保障，也是城市的安全保障。随着城市化进程的加快，城市更新成为提升城市质量和可持续发展的重要手段。而新区的交通安全设施具有较大的提质更新空间，可以从传统的交通安全设施提质为智慧交通安全设施。作为一种新兴的交通管理模式，智慧交通安全设施以先进的信息技术和通信技术为基础，通过实时数据的采集和分析、智能化的控制系统以及智能设备的应用，提供更加高效、安全和便捷的交通服务。

第一节　城市更新与交通安全设施的关系

　　城市更新是指对城市区域进行全面改造和更新，以提升城市的功能性、可持续性和宜居性。其目标是通过改善基础设施、提升居住环境、优化交通系统等手段，实现城市的可持续发展和提升居民生活质量。智慧交通是一种基于信息技术和通信技术的创新型交通管理模式。它利用先进的传感器、数据分析、人工智能等技术手段，实现交通系统的智能化、高效化和可持续发展。智慧交通的关键特征包括实时数据采集和分析、智能化的控制系统、智能设备和智能交通管理策略的应用。

一、交通安全设施在城市更新中的应用

　　交通安全设施在城市更新中扮演着重要的角色，涵盖了交通拥堵管理、公共交通改进和出行安全增强等方面的应用。在交通拥堵管理方面，通过实时收集和分析交通数据，能够更准确地了解道路的交通状况、拥堵瓶颈和交通需求。基于这些数据，交通管理部门可以采取相应措施，如调整信号灯时间、改变车道使用方向等，以优化交通流量和减少拥堵。此外，智能信号控制系统可以根据交通情况自动调整信号灯的时

序，使交通流畅度得到改善，从而提高道路的通行能力。在公共交通改进方面，交通安全设施能够提升公交车辆的调度和运营效率。通过智能化的公交车辆调度系统，可以根据实时的乘客需求和交通情况，灵活调整车辆的发车间隔和路线，提高公交服务的准时性和可及性。此外，车站信息系统可以提供给乘客实时的公交车到达时间、车辆位置等信息，方便乘客规划出行，并提供更好的乘车体验。出行安全是城市更新中的重要考虑因素，而交通安全设施可以有效地增强出行的安全性。通过智能交通监控和违章检测系统，可以实时监测道路上的交通违法行为，如超速、闯红灯等，及时采取处罚和警示措施，维护交通秩序和安全。此外，交通事故预警系统利用先进的数据分析和预测算法，能够识别潜在的交通事故风险，并及时发出警示，帮助减少事故的发生。交通安全设施在城市更新中的应用对于提升城市的交通效率、改善公共交通体验和增强出行安全性具有重要意义。通过优化交通流动、减少拥堵和提高公共交通的可及性，交通安全设施可以提升城市居民出行的便利性和舒适度，改善交通状况，推动城市更新的可持续发展。同时，增强出行安全也是交通安全设施的重要目标之一，有效的交通监控和预警系统有助于减少交通事故的发生，保障居民的出行安全。

二、交通安全设施对城市更新的潜在影响

交通安全设施在城市更新中的应用具有多方面的潜在影响，包括交通效率和流动性的提升、交通拥堵和排放的减少、公共交通体验和可及性的改善，以及交通事故发生率的降低。第一，交通安全设施有助于提升城市的交通效率和流动性。通过实时数据的收集和分析，交通管理部门能够更准确地了解交通状况，及时调整交通流量，优化道路的通行能力。智能信号控制系统的应用可以根据实时交通情况智能调整信号灯的时序，确保交通流畅。这些措施的实施将有效减少交通拥堵，提高道路的通行效率。第二，交通安全设施有助于减少交通拥堵和排放。通过实时数据的采集和分析，交通管理部门能够更好地监测和预测交通拥堵的发生，及时采取措施减轻拥堵状况。第三，通过智能信号控制系统的优化，交通信号能够更好地适应实际交通情况，减少不必要的等待时间和停车次数，从而减少交通排放和环境污染。第四，交通安全设施对于改善公共交通体验和可及性具有积极影响。通过对公交车辆的调度和优化，能够提高公共交通的运营效率，减少等待时间和拥挤现象，提高乘客出行的舒适性。第五，建设车站信息系统和提供实时信息服务，能够让乘客更好地掌握公交车的到达时间和相关信息，提高乘客出行的便利性和体验。第六，交通安全设施对于提升交通安全性和降低事故发生率具有重要意义。通过智能交通监控和违法检测系统的应用，能够实时监测交通违法行为，并及时采取处罚和警示措施，维护交通秩序和安

全。交通事故预警系统的实施能够通过数据分析和预测算法，提前发现潜在的交通事故风险，及时采取预防措施，减少事故的发生。

第二节 交通安全设施优化案例

江苏省仪征市公安交警坚持问题导向，因地制宜，探索创新，大力实施交通组织精细化管理，规范道路交通安全设施设置，充分挖掘管理资源和社会资源，努力形成党委领导、政府主导、部门协同，社会参与的城市交通管理新格局。

一、加装隔离护栏

浦峰路两侧住宅林立，人流、车流迅猛增长，尤其节假日、早晚高峰时段，人车混杂现象严重、容易造成交通事故。经真州镇、扬子集团、交警大队前期的反复实地研究，借助浦峰路改造工程，对浦峰路部分路口和路段护栏做出优化改造。

交通隔离护栏优化安装后，机动车随意掉头、压实线左转的问题从根本上得到解决；行人横穿马路、非机动车乱骑行等交通乱象得到了有效解决，主线违法停车现象也得到了有效解决。

二、优化信号灯配时

随着浦峰路拓宽工程完工，外来人员和车辆也在不断增加，仪征化纤厂区主门、仪化岗交叉路口社会车辆明显增多，导致厂区职工上下班高峰期时常出现拥堵现象。

为确保广大职工上下班道路畅通，防止交通事故的发生，仪征公安交警通过综合考量，科学规划，优化并调整交通信号灯配时，同时与企业加强联动共治，保证员工上下班通行顺畅。

仪化岗早晚高峰时期除了东西方向车流量较大外，南北直行车流量也较大，因此，在调整路口信号灯配时的同时，还要兼顾非机动车及行人的通行安全。

对该路口各个方向的绿灯时间做了调整，后续还会实时调整信号灯配时。

三、完善路口标识，加装反光道钉

反光道钉作为一种交通安全设施，主要安装在道路的标线中间或双黄线中间。其主要是引导驾驶员进入正确的车道，防止驾驶员越线发生交通事故；提高道路的可见性，使驾驶员能够更加清晰地看到道路的走向和边缘，从而减少事故的发生。

反光道钉的反光效果是通过其表面的反光材料实现的，这种材料能够将光线反射回来，形成明亮的光斑，从而吸引驾驶员的注意力。一到夜间，反光道钉就会在车灯的照射下反射出白光，提醒驾驶人提前减速，有效降低了安全风险，为市民构筑了一道安全防护线。反光道钉个头小巧、施工简便，容易在其他道路上"复制"应用。

综上所述，反光道钉在夜间和恶劣天气条件下为驾驶员和行人提供了很大的安全保障。

经实地调研，仪征公安交警对仪征市城区十字路口（含丁字路口）拐弯处等路段进行排查，结合城区道路交通实际情况，对辖区内部分路口、路段安装反光道钉。利用反光道钉反光、凸起的道钉体在改换车道时轻微震动的特点，能够对驾驶员在行车过程中起到警示作用，有效减少了交通安全隐患。

四、新增海绵停车位，缓解停车难问题

海绵停车位是交警部门充分利用小区周边道路资源，在小区周边道路上提供的一种在限定时间内停放车辆的交管措施。即在不影响道路通行和安全的情况下，特别是在夜间公共通行需求较小的情况下，优化资源配置，将小区周边部分道路临时转换为停车位，缓解"停车难、乱停车"现象。

简单来说，海绵停车位是一种在不影响道路交通和车辆正常通行的前提下，允许市民在夜间交通流量较小时临时停放车辆，白天车流量大时全段禁止停车，它的特点是"白天释放车辆、夜间吸收车辆"。

仪征市的江城路位于东方华庭和帝景蓝湾之间，是城区的重要交叉口，此处人口众多，交通通行量大，停车位供需矛盾较大。

在江城路新增海绵停车位34个，以及两块临时提示牌，最大限度地挖掘江城路路段停车资源，有效缓解小区及周边商圈夜间停车难问题。

位于江城路路段的海绵停车位，停放时间为晚上8：00至次日7：30，仅供所标注时段小客车的免费停放，在每个海绵停车位上都有明显的数字提示。

五、交通安全设施优化效果

仪征市着力开展道路交通安全设施"大提升"行动，在减少事故、保护生命上下功夫，以"微改造"消除交通安全隐患，变"大操大办"为"一点一策"，采取多种交通组织优化措施，全力解决人民群众急难愁盼问题。补短板、堵漏洞、强弱项，防

风险、除隐患、保安全,缓解城市交通压力,规范交通秩序,使城市交通出行品质得到明显提升。

第三节 工程设计

一、设计原则

与区域的城市设计方案相协调,结合周边已开发地块、规划及现状地形地貌进行设计,本工程设计原则有如下几个方面。

(1)近、远期相结合,充分考虑远期规划,合理确定近期实施方案。

(2)坚持需要与可能相结合的原则,充分考虑工程实施的可能性,尽可能采用减少投资的措施,并在设计中注重环保与节能,以求最佳的投资效果。

(3)做好与周边道路及地块衔接的相关工作。

二、工程总览

上合示范区2023年基础设施综合工程(部分市政道路交通安全设施建设工程)实施范围为上合示范区内部重要道路交叉口、学校以及厂区出入口等,建设提升内容包括新建交通信号灯及电子警察、完善相控阵雷达系统、维修交通诱导屏、新建违停抓拍与大货车闯禁行抓拍、新建警卫安保路线重点路段管控等。

根据交警部门提出的提升需求并结合现场调查发现,上合示范区内部交叉口缺少交通信号灯、监控,重要路段缺少违停抓拍及大货车闯禁行抓拍,园区内相控阵雷达系统不完善,重点路段管控缺少警卫安保设施等问题较为突出。通过联合上合示范区管委、交警及上合示范区相关单位,针对区域内主要道路进行了现场调研、会议讨论等,并基于调研成果确定了上合示范区交通设施提升工程的具体内容。

其实施内容主要为交通工程,包括新增信号灯和电子警察,完善相控阵雷达系统,新建违停抓拍与大货车闯禁行抓拍,新建警卫安保路线重点路段管控及补充完善部分道路标志等,其中,新建路口13处,临时新建路口2处,提升路口5处,闯禁行抓拍系统4处,现状交通设施维修2处,新建标志牌15处,禁停抓拍10处,警卫安保路线重点路段管控系统3段。

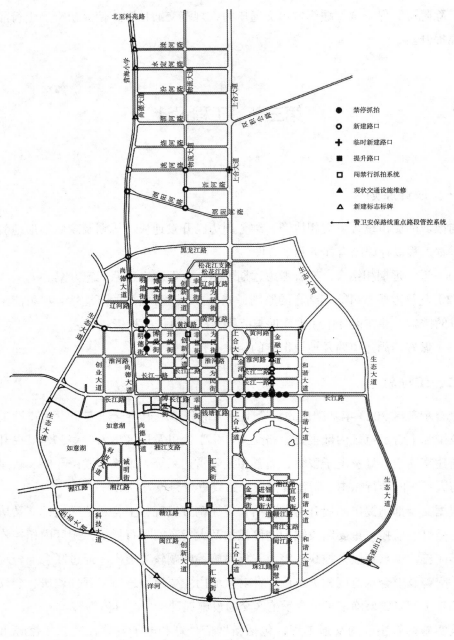

图7-1 交通设施平面点位图

三、新建道路交叉口信号灯及电子警察设施

为保证区域内部交通安全，在尚德大道与洮河路、浏阳河路、松花江路、黑龙江路交叉口，物流大道与洮河路、沂河路、浏阳河路交叉口，金融大道与长江二路、长

江一路、长江路交叉口，黄河路与创业大道交叉口新设车行信号灯、电子警察及相控阵雷达等智能交通设施，共11套。其中，松花江路为在建项目，沿线交叉口新建信号灯及监控，共2套。

四、改建交通现在时自动控制系统

上合示范区部分前期已安装信号灯及电子警察等交通设施的交叉口仅能控制信号灯，不能起到交通势态感知的作用，需补充增加相控阵雷达、边缘计算终端等交通自动指挥系统，以达到交通自动指挥系统的建设要求。因此，本次在生态大道与汇英街交叉口，金融大道与淮河路、长江路交叉口，淮河路与幸福街、为民街交叉口新增交通自动指挥系统，共5套。

五、闯禁行抓拍系统

前期由于上合大道地下道路交通配套工程施工，上合示范区闽江路—尚德大道—湘江路—生态大道—淮河路—尚德大道—辽河路作为近期货运应急通道并在重要道路节点安装了交通提示导识标牌100余面。为了既能有效规范上合示范区中重型货运车辆通行，又能最大限度地减少货车通行对沿线居民生活的干扰，保证货运车辆严格按照货运应急通道通行，计划在黄河路—明德街交叉口西侧、黄河路—创新大道交叉口南侧、闽江路—创业大道交叉口北侧、闽江路—汇英街交叉口北侧各设置1套大货车闯禁行抓拍系统（均为双向）。

六、建设完善交通标志牌

结合前期摸排及园区各企业、学校、居民小区的反馈，上合示范区全域范围内仍有15处交叉口存在缺乏限速、禁停等标志牌的现象，计划补充完善交通标志牌，满足国家规范要求，优化交通通行环境。其中，金融大道—长江路、淮河路（南）交叉口需新建分车道指示牌及小型标志牌；金融大道—长江一路、金融大道—长江二路交叉口需新建指路牌、分车道牌及小型标志牌；尚德大道—永定河路交叉口投诉较多，需新建减速带、慢行爆闪标志等；其余8个交叉口需增加限速禁停等小型标志。

七、警卫安保路线重点路段管控系统

在上合示范区尚德大道—长江路—生态大道—跨海大桥高速出入口约17.5千米的重要安保路线上，加装警卫安保路线重点路段管控系统DT感知球机，其中尚德大道（北端—长江路）8千米，长江路（尚德大道—生态大道）4.5千米，生态大道（长江

路—高速出口）5千米。长江路在创新大道—为民街区域（长约900米），因上合广场的建设，后期将拆除重建，为减少投资浪费，该段暂不安装；长江路东延（和谐大道—生态大道，长约1.2千米）段不计入本工程范围内。本次共需安装约154处。

八、临建交通设施

目前，上合大道与洮河路交叉口缺少交通信号控制系统及电子警察。拟使用前期拆卸的设备，临时安装到上述路口，待上合大道改建时再一并建设提高。在辽河路—明德街交叉口，使用前期拆卸的设备临时安装车行信号灯，新建缆线、信号机柜等。

九、现状交通诱导屏修复以及禁停抓拍设施新建

上合大道—洋河特大桥、尚德大道—滦河路交叉口各有一处现状交通诱导屏，计划进行修复并埋设过路取电管线，达到使用要求。

在明德街（淮河路—辽河路）、长江路（上合大道至金融大道以东约200米）沿线新建10处禁停抓拍设施。

第四节　具体设计

一、交通标志

（1）工程中的交通标志杆具体位置应根据道路交通标志标线平面图上的桩号、道路特征点位置来设置。

（2）标志杆形式在具体操作过程中见相应的结构设计图。

（3）交通标志板的设计包括标志板的几何设计、外形尺寸、图案尺寸、版面汉字尺寸、版面颜色、材料选择和板后加固形式。其具体要求应符合国家标准《城市道路交通标志和标线设置规范》（GB 51038—2015）。标志反光膜要求应符合《道路交通反光膜》（GB/T 18833—2012）中的规定。

（4）标志板颜色色度按照《视觉信号表面色》（GB/T 8416—2003）中的有关规定执行。

（5）标志板。

本工程道路沿线设置禁令标志、指示标志。禁令标志为圆形，指示标志为长方形

或正方形，标志尺寸符合汉字高度和文字排版要求。（图7-2）

图7-2 禁令标志

指路标志：采用长方形标志板，尺寸为3米×1.5米，设置位置见平面图。指路标志汉字高度设计为30厘米。（图7-3）

图7-3 指路标志

路名牌标志：采用长方形标志板，尺寸为150厘米×50厘米，标志尺寸符合汉字高度和文字排版要求，路名牌三字名称尺寸为20厘米，四字名称尺寸为18厘米，五字名称尺寸为16厘米，中英文对照，英文字高为汉字字高的0.5倍。（图7-4）

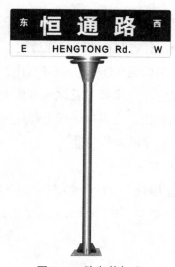

图7-4 路名牌标志

（6）反光膜。

本工程标志底版反光膜采用Ⅳ类（超强级）反光膜，字膜采用Ⅳ类（超强级）反光膜。

翻色的预告标志及其他标志底膜、字膜和图案均采用Ⅳ类（超强级）反光膜。其他标志底膜和字膜均采用Ⅳ类（超强级）反光膜。反光膜的外观质量、光度性能、色度性能及逆反射系数值应符合《道路交通反光膜》（GB/T 18833—2012）中的有关规定及达到Ⅳ类（超强级）反光膜的技术指标。反光膜应尽可能减少拼接，当标志板的长度（或宽度）、直径小于反光膜产品的最大宽度时，不应有拼接缝。当粘贴反光膜不可避免地出现接缝时，应使用反光膜产品的最大宽度进行拼接。接缝以搭接为主，重叠部分不应小于5毫米。当需要滚筒粘贴时，可以平接，其间隙不应超过1毫米，距标志板边缘5厘米之内，不得有拼接。

（7）标志板材。

标志板采用牌号2024型铝合金板材制作。当标志底板面积小于9平方米时，指示标志、禁令标志、警告标志厚度均为1.5毫米，指路标志厚度为2～3毫米；当标志底板面积大于9平方米时，指示标志、禁令标志、警告标志厚度均为2毫米，指路标志厚度3～3.5毫米。标志板外形尺寸误差应小于±0.5%，平面翘曲误差应小于±3毫米/米。

（8）板面要求。

标志板面应平整，表面无明显皱纹，无凹痕式变形；板面应平整、清洁，表面无气泡和褶皱产生。标志板边缘应整齐、光滑，标志板的边缘和夹角应适当倒棱，呈圆滑状。

（9）标志杆件。

标志结构设计抗风应满足相关规范的要求。

标志板背面焊接滑动铝槽，标志与标志立柱通过钢带式万能夹牢固连接。

标志杆结构采用普通碳素结构钢（Q235）钢管制作，均应做热镀锌处理，且符合《金属覆盖层钢铁制件热浸镀锌层技术要求及试验方法》（GB/T 13912—2020）的要求，标志结构采用普通碳素结构钢，在焊接时保证焊缝质量，并进行有效的打毛刺和修磨工作，热镀锌应保证锌层的厚度和均匀性。

（10）扎带、扎扣和夹座要求。

扎带、扎扣及夹座的选用应符合《城市道路交通标志和标线设置规范》（GB 51038—2015）中的有关规定。

二、交通设施

（一）交通综合监视系统

交通综合监视系统主要设备包括智能球形摄像机、防雷器、挂杆机箱等；高清视频监控采用 400 万像素智能球形摄像机，通过光纤链路将高清视频流传输到交警大队，每处监控安装完成后需进行调试及电子监控系统的接入，录像保存到交警大队相应存储阵列中。同时，以组播方式在公安网内传输，供大队、市局等有权限用户浏览实时图像和历史录像。

图 7-5 交通综合监视系统安装

1. 主要设备规格及技术参数

1）400 万像素智能球形摄像机

（1）摄像机内置两个图像传感器，靶面尺寸不小于 1/1.8 英寸，视频分辨率不小于 $2\,560 \times 1\,440$。

（2）摄像机具有双路视频融合功能，可分别输出黑白及彩色图像，可对视频图像进行融合输出。

（3）内置 GPU 芯片。

（4）支持不低于 35 倍光学变倍。

（5）最低照度可达彩色 0.000 2 勒克斯，黑白 0.000 1 勒克斯。

（6）摄像机可在预览画面及抓拍图片中叠加人员和车辆的移动轨迹，轨迹颜色支持红色、黄色、蓝色、绿色及紫色，轨迹末尾有一个方向箭头，指向目标离开的方向，抓拍图片大小不大于500千字节。

（7）摄像机通过标定校准可检测当前镜头方向与地平面夹角，并根据夹角变化自动调整倍率。

（8）摄像机可对镜头前盖玻璃进行加热。

（9）开启混合目标检测模式后，设备可同时对行人、非机动车、机动车进行检测、跟踪及抓拍。

（10）开启混合目标检测模式后，设备可同时对行人、非机动车、机动车进行分类计数。

（11）开启混合目标检测模式后，对监视区域中的行人、非机动车和机动车的目标捕获率不低于99%。

（12）开启混合目标检测模式后，可支持人脸与人体、车牌与车辆的关联显示。

（13）设备可显示行人、非机动车的属性。

（14）可抓拍距设备100米处的人脸，可抓拍距设备150米处的人体及车辆。

（15）设备可对监视画面中不小于30个人脸进行检测、跟踪和抓拍。

（16）水平旋转范围为360°连续旋转，垂直旋转范围为−20°~90°。

（17）支持7路报警输入，2路报警输出，支持1路音频输入和输出。

（18）设备具有补光自动模式，设备具有亮度限制调节功能，限制等级在0~100可调。设备具有白光增强设置选项，开启后，在夜晚模式下，可开启白光灯，白光亮度等级在0~100可调。

（19）设备具有补光手动模式，可同时调整近光灯、中光灯、远光灯的红外灯和白光灯功率（0~100可调）。设备可仅开启白光灯/红外灯进行补光，在仅开启白光灯进行补光时，可输出彩色视频图像。

（20）白光灯色温为3 000开尔文，红外灯光波长为750纳米。

（21）在IE浏览器下，可通过手机扫描预览界面上的二维码获取设备资料。

2）防雷器

选用24伏交流供电、网络电源二合一防雷。

3）挂杆机箱

304不锈钢，尺寸为500毫米×400毫米×180毫米，含光纤收发器、光纤盒、工业级网络交换机、空气开关、电源插排、接线插排、跳线等，风道设计。

2. 设备安装

施工定位时应以智能交通平面图为准，施工过程中可视具体情况适当调整。其中，立杆位置位于靠近路口处，距离路缘的距离为0.5~2米，摄像机安装在距离横臂终端 0.2 ～ 0.3 米处。

3. 基础

杆件基础采用 C30 混凝土浇灌，基础需用机械振实，基础应平整，以保证安装的立柱、机箱等不致倾斜，并抽样做试压。局部路段下方为岩石结构时，应及时通知设计人员，采取相应安装方式。

（二）电子警察抓拍系统

电子警察抓拍系统设备主要包括电子警察室外落地控制箱、电子警察一体抓拍单元、生态环保智能补光灯、生态环保智能闪光灯、挂杆机箱等。

图 7-6　电子警察抓拍系统安装

1. 主要设备规格及技术参数

1）电子警察室外落地控制箱

304 不锈钢，尺寸为 600 毫米 × 500 毫米 × 1 200 毫米，含智能管理终端（支持 H.265 编码；含 4T 存储硬盘；支持电子警察与反向电子警察图片合成；支持 12 路 IPC 接入；双网卡，内置 16 和 100 兆以太网接口及 2 个 1 000 兆网络接口、1 个 1 000 兆独立 SFP 光纤接口；其他：4 个 RS485、2 个 RS232、2 个 USB2.0、4 路报警输入/报警输出、1 个 eSATA 接口）、红绿灯信号检测器（支持 16 路 AC220 V 信号接入；6 路 RS485 接口；一个 5 位拨码开关，用于设置设备地址、数据上传模式及波特率；一个电源开关，AC220 伏供电）、光纤收发器、光纤盒、工业级网络交换机、空气开关、电源插排、接线插排等，风道设计。

2）900万电子警察一体抓拍单元

（1）内置1英寸CMOS（GS-CMOS）传感器，抓图分辨率可达4 096×2 160（不含OSD），4 096×4 208（含OSD），含高清镜头、防护罩、网络防雷模块、补光控制模块、抓拍软件等。

（2）设备的镜头和两个Sensor一体化设计，具有独立三角分光棱镜分光结构装置，分别接收可见光和红外光。

（3）抓拍支持输出三张同时刻目标图片，包括可见光路图片（全彩）、红外路图片（黑白）和融合图片（全彩），三张图片抓拍时间为同一时刻，抓拍运动目标，三张图片中目标位置相同无位移；支持同时预览两路Sensor视频，设备场景中放置红外LED常亮灯，朝向摄像机镜头，可见光路视频图像中补光灯灯珠完全无光，同时红外路视频图像补光灯可清晰看到灯珠亮光。

（4）设备应采用深度学习芯片。

（5）支持主码流同时输出不少于30路4 096×2 160、2兆比特/秒的25帧/秒图像以供客户端浏览。

（6）最大图像尺寸：≥4 096×2 160像素；字符叠加时最大可支持4 096×2 800像素。

（7）视频帧率：在1～25帧/秒可调。

（8）支持在25%丢包率的网络环境下，正常显示监控画面。

（9）护罩玻璃透光率≥99%。

（10）视频压缩支持H.265、H.264、M-JPEG。

（11）支持机动车、二轮车（摩托车、自行车、电动二轮车）、三轮车和行人分类检测。

（12）支持车前窗挂坠、年检标识、抽烟、驾驶员人脸识别、驾驶室人脸抠图、遮阳板识别等检测功能。

（13）外壳防护等级应不低于IP66。

（14）支持车辆捕获抓拍功能，在天气晴朗无雾，号牌无遮挡、无污损，白天环境光照度不低于200勒克斯，晚上辅助光照度不高于30勒克斯的条件下测试，白天和晚上的捕获率均≥99%。

（15）支持车牌识别功能，在天气晴朗无雾，号牌无遮挡、无污损，白天环境光照度不低于200勒克斯，晚上辅助光照度不高于30勒克斯的条件下测试，白天和晚上的识别准确率均≥99%。

（16）支持异常车牌检测功能，可对故意遮挡及污损车牌进行判断和识别。

（17）支持13种车身颜色识别，包括黑、白、灰、红、绿、蓝、黄、粉、紫、棕、青、金、橙；在天气晴朗无雾，号牌无遮挡、无污损，白天环境光照度不低于200勒克斯，晚上辅助光照度不高于30勒克斯的条件下测试，白天识别准确率≥99%，晚上识别准确率≥97%。

（18）支持主副驾驶人脸抠图功能，在单车道场景下，主副驾驶员人脸抠图像素点不小于120像素点×120像素点。

（19）设备可识别351种机动车品牌标志，白天识别准确率≥99%，夜晚识别准确率≥99%。

（20）开启混合抓拍模式后，设备支持正面/侧面/背面行人（包括成年人和儿童）的抓拍；支持对骑自行车、骑三轮车、骑电动车、踩平衡车、骑车带人等非机动车的抓拍；支持对轿车、客车、面包车、货车、卡车、摩托车等机动车的抓拍。

3）生态环保智能补光灯

（1）16颗进口LED灯珠。

（2）色温：4 000～6 500 K，暖光。

（3）补光距离：16～25米。

（4）触发方式：高低电平量、开关量。

（5）触发频率：15～250赫兹。

（6）触发占空比：1%～39%，当占空比大于等于40%时进入自保护状态。

（7）响应时间：≤20微秒。

（8）日夜功能：支持环境亮度检测，低照度下自动开启，支持内部参数设置，如日夜功能开启阈值、频闪及爆闪延迟功能。

（9）接口配置：1路频闪触发输入，1路抓拍触发输入，1路频闪同步输出。

（10）压铸铝外壳，防护等级IP67，寿命≥50 000小时。

（11）电源：AC220伏±20%，47～63赫兹。

（12）工作温度：−40℃～+85℃，工作湿度：10%～90%。

4）生态环保智能闪光灯

（1）防护等级IP66。

（2）可通过RS485进行远程升级。

（3）最大功耗小于等于48瓦（补光灯在频闪模式下，亮度等级设置为255）。

（4）闪光指数GN≥64米。

（5）支持通过485接口对补光灯亮度进行调节，可设置为1～255级。

（6）最小回电时间≤50毫秒。

（7）支持气体脉冲补光、LED频闪补光闪方式，可通过远程控制切换补光方式。

（8）具有LED和气体灯管两种光源，支持可见光补光，红外补光。

（9）1路RS485接口、1路爆闪输入接口，1路光源切换接口，1路频闪输入接口。

5）挂杆机箱

304不锈钢，尺寸为500毫米×400毫米×180毫米，含光纤收发器、光纤盒、工业级网络交换机、空气开关、电源插排、接线插排、跳线等，风道设计。

2. 设备安装

施工定位以平面图为准，施工过程中可视具体情况适当调整。其中，电子警察立杆位置距离路缘距离为0.75～2.0米，摄像机安装在监控车道范围中间位置，频闪光源安装在补光车道中间位置，交叉补光。设备安装完成后需进行车辆检测系统调试、补光灯/闪光灯调试，调试完成后需接入交管部门指挥中心平台及存储后台，每处电警杆件安装1 200毫米×800毫米电子警察抓拍提示牌。

3. 基础

基础需用机械振实，基础应平整，以保证安装的立柱、机箱等不致倾斜，并抽样做试压。局部路段下方为管线及岩石结构时，应及时通知设计人员，采取相应安装方式。

（三）违停抓拍系统

1. 主要设备选用

摄像机选用400万像素一体化高清网络摄像机，靶面尺寸1/1.8英寸，内置GPU芯片，摄像机内置镜头，最大支持37倍光学变焦，镜头最大焦距208毫米；视频输出支持2 592×1 520@30帧/秒，2 048×1 536@30帧/秒，分辨力不小于1 600线；支持快速聚焦，支持违停车辆自动捕获、抓拍及车辆信息识别功能；红外距离600米；支持最低照度可达彩色0.000 2勒克斯，黑白0.000 1勒克斯；支持水平手控速度不小于800°/秒，垂直手控速度不小于400°/秒，水平旋转范围为360°连续旋转，垂直旋转范围为−30°～90°；具有三种滤光片，在白天、夜晚及有雾情况下可自动切换不同的滤光片进行成像，滤光片透过率不小于95%；支持采用H.264、MJPEG、H.265视频编码标准；支持Smart265功能。

2. 设备安装

施工定位以平面图为准，施工过程中可视具体情况适当调整。其中，摄像机立杆位置距离路缘0.75～2.0米，摄像机安装位置应注意避让行道树树枝。安装完成后需进行车辆检测系统调试及补光灯调试，每处路口安装完成后需进行机房后台系统接入。

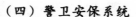

（四）警卫安保系统

1. 主要设备选用

摄像机选用400万像素DT球机，摄像机靶面尺寸不小于1/1.8英寸，内置GPU 芯片，支持40倍光学变倍，视频输出支持2 650×1 440@25帧/秒，分辨力不小于1 500 线，红外距离不小于550米，支持最低照度可达彩色0.000 2勒克斯，黑白0.000 1勒克斯。支持当有停车、逆行、压线、变道、掉头、拥堵、机动车占用公交车道现象被触发时，样机可发出不同的语音提示；可识别不低于7 000种车辆子品牌，车辆子品牌识别准确率不小于99%；设备支持违章取证图片单张或多张合成上传，合成图片的数量可设置；设备可将多张抓拍图片合成一张大图，可分别在每张抓拍图片及合成的大图上叠加字符，每张抓拍图片及大图叠加字符的内容可设置；支持违法停车抓拍功能，且白天和晚上违法停车捕获率、捕获有效率均不小于99%；当监视画面中有雾时，设备可通过客户端触发报警，并上传叠加雾浓度等级的图片，雾浓度等级可分5级；设备可在报警图片中叠加目标车辆的行驶轨迹；当设备检测到违停、逆行、压线、变道、机占非、调头、行人、路障、抛洒物、事故、拥堵事件后，可上传报警信息及目标物经纬度信息；设备违停取证图片类型支持远景、中景、近景、特写、自定义五种类型，抓拍时间间隔为1~1 800秒；设备可同时对视频画面中单辆或多辆机动车违停行为进行抓拍取证；设置防抖模式为光学防抖+陀螺仪防抖。

2. 设备安装

施工定位以平面图为准，施工过程中可视具体情况适当调整。其中，摄像机立杆位置距离路缘距离为0.75~2.0米，摄像机安装位置应注意避让行道树树枝。安装完成后需进行车辆检测系统调试及补光灯调试，每处路口安装完成需进行机房后台系统接入。单侧每隔200米安装一个，实际距离可根据现场借杆杆件位置进行调整。

（五）交通自动指挥系统

1. 主要设备选用

智慧感知设备采用相控阵毫米波雷达。检测距离：10~350米，检测范围：1~14 车道，最多同时跟踪256个目标，车流量统计准确率＞97%，车辆捕获率＞97%，测速准确率＞97%。

终端管理设备采用边缘计算控制单元，工业级标准，ARM架构，LINUX系统，用于交通数据分析、存储转发、研判处理。单台设备可同时接入8台以上雷达。同步配套交通自动指挥软件。

2. 设备安装

设备安装位置应以智能交通平面图为准，施工过程中可视具体情况适当调整。其中，雷达安装在信号灯杆件横臂上，每个方向安装一台，覆盖对向来车区域；边缘计算控制单元安装于电子警察室外落地控制箱。防雷措施与电子警察相同。

3. 系统原理

雷达通过本方向的电子警察网络，把采集和分析后的交通流数据上传至边缘计算控制单元。边缘计算控制单元经过分析和研判，把指令发送给路口的智能交通信号机，对交通信号进行实时自动调控。同时，边缘计算控制单元通过电子警察的数据传输网络，把分析研判后的信息上传至指挥中心管控平台，平台整合所有路口的信息，用于区域交通信号协调处理和交通态势监控。

（六）管线系统

管线系统包括取电管线、后台数据传输管线、信号控制管线、综合监视管线、电子警察抓拍管线、交通自动指挥管线等。

1. 管道井

（1）智能交通管线与路灯管线同槽施工，信号灯、监控、电子警察、交通自动指挥设备接线须征求交警部门意见后结合路灯管线进行双侧预埋，且与路灯电缆竖向排列敷设。路灯管埋置深度70厘米，智能交通管埋置深度85厘米。

（2）道路外侧穿2×Φ75毫米PE管保护，过路用2×G100钢管预埋布设。保护管中，电缆不得有接头。所有电缆接头进行防潮处理后加热缩套管密封封装。

（3）电缆接线井：为减少工程投资，智能交通电缆与路灯公用接线井，接线井位置根据交通平面图施工，路段拐弯处或长度超过80米时，预留一处接线井。为方便线缆敷设接线井，电缆过道路时保护钢管两端伸出路基0.5米，在保护管两端各做一个过路工作井。

2. 线缆

（1）取电线缆：路口取电主电源线缆采用RVV3×10平方毫米，从交通信号控制机柜敷设至新建路灯相变，箱变内设电度表及开关，计量交通信号用电。配置应与电业、交警及路灯管理部门协商确定。

（2）后台数据传输线缆：前段数据传输采用24芯光纤从电子警察机柜敷设至就近现有光缆交接箱；前端路口光纤数据传输需租赁传输部门专网专路进行回传，租赁费计入工程量。

（3）信号控制线缆：机动车信号灯线缆采用RVV4×1.5平方毫米从信号机分别敷设至每个车行信号灯、人行信号灯线缆，采用RVV5×1.5平方毫米从信号机分别敷设至每个人行信号灯。

（4）综合监视线缆：电源线缆采用RVV3×1.5平方毫米从机柜敷设至设备，数据传输距离80米内采用室外超五类网线、距离80米外采用4芯单模光纤从机柜敷设至设备。

（5）电子警察抓拍线缆：电源线缆采用RVV3×1.5平方毫米从机柜敷设至设备，数据传输距离80米内采用室外超五类网线、距离80米外采用4芯单模光纤从机柜敷设至挂箱，信号控制线缆采用RVVSP2×1.5平方毫米从机柜敷设至挂箱。

（6）交通自动指挥线缆：电源线缆采用RVV3×1.5平方毫米从机柜敷设至设备，数据传输距离80米内采用室外超五类网线、距离80米外采用4芯单模光纤从机柜敷设至挂箱，信号控制线缆采用RVVSP2×1.5平方毫米从机柜敷设至挂箱。

3.敷设管道电缆要求

敷设管道线前应先清刷管孔；管道内预设一根镀锌铁线；穿线电缆时宜涂抹黄油或滑石粉；管口与电缆间应衬垫铅皮，铅皮应包在管口上；进入管孔的电缆应保持平直，并应采取防潮、防腐蚀、防鼠等处理措施。

第八章

≪ 智慧城市技术 赋能城市更新

城市更新旨在通过改善老旧区域的基础设施、提升居住环境，推动城市可持续发展。然而，传统的城市更新模式面临着诸多挑战，如资源浪费、环境影响和社会不平等。在这个背景下，智慧城市概念的兴起为城市更新注入了新的活力和可能性。截至2022年年底，住建部公布的智慧城市试点数量已经达到290个。党的二十大报告提出，到2035年基本实现国家治理体系和治理能力现代化。国家"十四五"规划明确提出，"坚定不移贯彻创新、协调、绿色、开放、共享的新发展理念，分级分类推进新型智慧城市建设，建设城市大脑和数字孪生城市"，对当前城市发展提出了更高层次的要求。

第一节 智慧城市与城市更新的关系

一、智慧城市的发展

随着当前经济社会的发展，城市人口与城市规模持续加速增长。联合国人居署《世界城市状况：和谐城市2008/2009》报告中指出："全人类现在已有一半的人口生活在城市，但是这个重大的转变过程远未接近尾声。全球城市化程度将在今后40年显著上升，到2050年达到70%。到21世纪中叶，发展中国家的城市总人口数量将增加一倍以上：从2005年的23亿增加到2050年的53亿。仅在过去的二十年里，发展中国家的城市人口数量一直以平均每周300万的速度增长。亚洲正处于迅速的城市化进程中，现在大约有41%的居民生活在城市。到2050年，亚洲的城市人口数量将占全世界城市人口总量的63%，即33亿。由于中国迅速的城市增长率，亚洲的城市化进程会比非洲来得更早。预计到2050年中国的城市化水平将达到70%。"如何应对规模空前的城市人口膨胀，是城市决策者目前所必须面对的问题。

智慧城市，狭义地说是使用各种先进的技术手段尤其是信息技术手段改善城市状况，使城市生活便捷；从广义上理解应是尽可能优化整合各种资源，城市规划、建筑使人赏心悦目，使生活在其中的市民可以陶冶性情、心情愉快，总之是适合人的全面发展的城市。可以说，智慧城市就是以智慧的理念规划城市，以智慧的方式建设城市，以智慧的手段管理城市，以智慧的方式发展城市，从而提高城市空间的可达性，使城市更加具有活力和长足的发展。

　　智慧城市的建设，是人类从几千年前的传统农业社会，发展到几百年前的工业社会，再发展到如今后工业社会的必然产物。在人类社会历史发展的过程中，城市的形态和功能发生了巨大的变化。从目前世界范围看，智慧城市的建设，无论是在技术上还是在管理上都是可行的，也是必要的。建设智慧城市，对于解决我们当前面临的一系列城市发展过程中存在的问题，提升我国的工业化、城市化和信息化水平，都具有重要的意义。

二、智慧城市的发展方向

（一）大数据＋政务服务

　　从建设基于城市的大数据中心开始，打造政务大数据平台，构建相关行业应用，帮助政府实现数据开放融合。将分散的、条块化的数据资源统一集中，可实现对城市运营的综合服务，并通过"共建、共治、共享"的城市管理模式为新时代智慧社会的可持续发展提供有力保障。市民也可以通过App、微信公众号、电话、视频等多种形式，直接参与生活中各类事件的监管和举报，与管理部门一起创造美好的城市生活环境。

（二）物联网＋城市治理

　　目前，城市发展涉及三方面的应用和服务，一是空气治理，通过网格化的空气质量监测设备以及物联网管理和大数据应用平台，帮助政府进行城市环境监测、空气质量监测；二是水务管理，包括整个城市或区域的地下水监测，河流河道的监测等；三是园区安全生产监测，通过"硬件＋平台＋数据＋运营＋服务"的一体化安全生产解决方案，构建多维一体的安全生产信息化体系，提高风险防控、应急救援能力。

（三）大视频＋公共安全

　　通过对城市视频监控数据的融合、分析和应用，集中管理县（市）、乡（区）、村（街道）三级社会综治中心，将治安防范措施延伸到民众身边，让民众共同参与治安防范，从而真正实现治安防控"全域覆盖、全网共享、全时可用、全程可控"。这既是对天网工程、视频监控全覆盖工程的巩固和延伸，也是"互联网＋"政策下创新社会治安防控体系建设的重点，进而实现城乡治安防控建设一体化，达到预警、预测、预防的效果。

（四）云计算＋产业服务

通过云计算技术带动传统产业转型升级，如基于智慧旅游业务打造全域旅游大数据云服务平台，以景区智慧化为切入点，依托"文化旅游云"，为游客提供"全时域、全地域、全领域"的基于六要素的综合服务，赋予旅游产业以智慧，为城市转型升级提供一条新出路。全域旅游大数据云服务平台从多个维度对旅游业产生积极有效的引导。除了文化旅游云，还可打造诸如工业云、农业云、中小企业云等产业云服务平台。

（五）"互联网＋"数字生活

将"互联网＋"运用于城市管理和民生服务，利用互联网高速互通的技术手段为市民提供更多便捷服务，让市民少跑腿，足不出户就可以办理业务，告别以往满城跑、排长队的情况，市民要做的仅仅就是打开移动端 App 而已。例如，在政务服务 App 里，市民可以申、补办证件，查询城市天气、交通等信息，查阅相关政策，充缴水电费等。

三、智慧城市的现存问题

（一）地域特色不明显

在当前大力提倡智慧城市建设的背景下，部分地方政府采取了盲目跟风的态度，对于自身智慧城市建设的需求和特色没有进行深刻的分析；在建设过程中，将其他城市的建设方案照搬、照抄到本地的建设中，最终使得各地智慧城市的建设大同小异，没有了自身的建设特色，没有将自己的区位优势在智慧城市建设中充分地展示出来，脱离了智慧城市建设的实际。

（二）设计技术不过关

在实际的建设过程中，部分城市对于技术方案设计不够重视、需求分析不充分、技术方案设计不成熟。同时，在对城市进行规划的过程中，也很少涉及智慧城市建设的配套需求，对于智慧城市的技术构架缺乏完整的构建，智慧城市建设也就不能实现各项信息资源的整合。城市建设涉及人、能源、交通、商业等各项系统，智慧城市的建成就是要将这些系统资源进行再次整合，形成"系统上的系统"，而现今碎片化的各项信息资源成为智慧城市建设中的重大阻碍。

（三）重复建设问题严重

部分智慧城市在建设过程中，由于部分人员为了政绩以及个人利益等方面的原因，建设完成后的实际应用能力不强，重复建设的问题比较严重。为了加快智慧城市的建设速度，赢得大家的关注，部分地区在建设过程中缺乏对实际应用的全面了解，就进行了仓促的建设；部分城市的智慧城市系统在建设完成后，由于缺少相应的软件应用能力、数据信息采集和处理能力等，其实际的应用能力达不到标准的要求，软硬件设施和功能被闲置浪费，造成了智慧城市的重复建设。

（四）缺乏专业技术人员

在智慧城市建设过程中，最重要的就是要有专业技术人员作为支撑，他们不仅要有一定的创新能力和专业的技术，而且还要是跨学科、跨领域的复合型人才。但是，就目前的情况来看，我国智慧城市建设过程中，在人员配备方面还存在明显的不足，缺乏专业的技术人员，对于我国智慧城市的建设来说，就缺乏了最基础的保障。

四、智慧城市与城市更新的关系

智慧城市是以信息和通信技术为核心，通过数据的采集、传输、分析和应用，实现城市各个领域的高效管理和优化，以提升居民生活质量、促进可持续发展的城市发展模式。智慧城市的理念与城市更新的目标息息相关，二者可以相互融合，为城市更新带来更多的机遇。

（一）数据驱动城市更新

智慧城市的关键在于数据的应用。通过传感器、监控设备等技术手段，城市可以实时采集各种数据，如交通流量、空气质量、能源消耗等。这些数据为城市更新提供了宝贵的信息基础，可以帮助决策者更好地了解城市现状，制定科学的规划方案。例如，在城市更新过程中，利用实时交通数据可以优化道路布局，减少拥堵，提高交通效率；通过环境监测数据可以及时发现空气污染源，保护居民的健康。

（二）智能交通与交通拥堵缓解

城市更新常常伴随着基础设施的升级和改造，而智慧交通系统是其中的一大亮点。智能交通系统通过车辆感应、实时导航等技术，可以实现交通拥堵的实时监测和预测。在城市更新过程中，可以引入智能交通系统，通过优化道路网络和交通流动，减少交通拥堵，提高出行效率。这不仅改善了居民的生活品质，还有助于降低排放，改善环境。

（三）智能建筑与资源节约

城市更新也常伴随着建筑的更新和改造。智慧城市理念将智能建筑技术与城市更新紧密结合，实现能源的高效利用和资源的节约。智能建筑通过自动控制系统，可以根据室内外环境自动调整温度、照明等设备，实现能源的节约。在城市更新中，引入智能建筑技术可以降低能源消耗，减轻环境负担，提高居住舒适度。

（四）社区参与公众治理

智慧城市的一个重要特点是社区参与，这与城市更新中注重社区居民的参与紧密相连。智慧城市技术可以为社区居民提供更多参与和反馈的渠道。例如，通过智能手机的应用，居民可以随时了解社区项目的进展，提出意见和建议。这种参与感可以增强居民对城市更新的信任感和归属感，推动城市更新的顺利进行。

智慧城市赋能城市更新也面临一些挑战。技术应用的成本、数据隐私和信息安全等问题需要得到解决。同时，智慧城市的建设需要政府、企业和社会各方的合作。但无疑，智慧城市为城市更新带来了巨大的前景。它不仅可以提升城市的效率和便利性，还可以改善居民的生活质量，推动城市的可持续发展。

第二节　城市更新背景下的新型智慧城市建设案例

2020年10月，济南市成为全国首批16个"新城建"试点城市，并将建设城市运行服务管理平台列为其重点任务之一。济南市城管局牵头成立平台建设专班，按照住房和城乡建设部"一指南、两标准"、山东省住房和城乡建设厅有关导则和"数字济南"建设部署要求，与市直各成员单位和有关部门密切协作，持续推进平台建设。

平台以实用、好用、管用为导向，以应用场景为抓手，搭建了"1+1+7+N"平台总体架构（即1个平台+1个大数据库+7大系统+N个应用场景），建成业务指导、指挥协调、行业应用、运行监测、综合评价、决策建议、公众服务7个应用系统，以及一个综合性城市管理数据库，接入市区两级业务系统，共享应用各类视频资源，初步形成一个跨部门、跨层级、跨业务的综合性平台。

一、协同联动，实现城市管理"一网统管"

平台就像一张"网"，汇聚了市住房和城乡建设局、市生态环境局、市交通运输局、市水务局等15个城管领域相关部门的业务数据，共建成数据库27个，总数据量1.8亿条。整合接入各级城管信息化系统、同步接入相关部门信息化系统共计50余个，各类城市监控视频1.1万余路，对全市城管、市政、交通、园林、电信等情况进行实时监测，通过数据挖掘分析，为城市的运行和应急事件管理提供科学的决策辅助。例如，在平台智慧环卫系统，环卫车辆在线数目、在线里程、作业完成比等数值实时更新；停车记录、违规作业记录等及时、准确呈现。城市管理者基于这些数据，可以实化指挥、调度全市环卫工作，提升环卫工作质量和效率。同时，平台增设提供跨级派遣功能，市级平台可直接向区直部门或街道办事处进行案件转派，区级平台可直接向社区居委会进行案件转派。区级转市级案件实现了流程同步，区级转市级案件实现了案件号统一、流程统一、实时查看处置结果，真正实现了"一支队伍巡查、一个中心受理、一套机制运行、一图指挥调度"。平台还将触角延伸到党建服务、突发事件处置等领域，并与12345市民热线实现了互联互通。

二、智能派遣，推动执法效率大幅提升

城市管理涉及城市运行的各个方面，城管队员工作量巨大，案件办理周期长。

通过城市运行管理服务平台建设，济南城管系统积极引入大数据、物联网、人工智能等高新技术，将城管系统26个单位全部实现视频、音频联网，推动智能化发现能力建设。目前，已打造出以"智能案件分拨""智能巡检车""智能无人机""智能视频识别""智能城市监控"等一批智能化场景和以各类物联感知设备为支撑的智能化发现新手段，对占道经营、道路破损、违章搭建、工地扬尘等问题全方位、立体化监测。这些发现的案件中，80%以上能够通过平台的案件能力中心实现自动分拨派遣，形成了及时发现、随时解决的城管事件快速反应机制。

同时，平台引入了智能立案、智能分派、智能核查技术，进一步优化案件运行流程，实现自动分拨派遣、智能协同反馈，自动派遣率已达80%以上。目前，依托济南市城市运行管理服务平台，济南市的城市管理问题智能化发现占比，已从2020年的0.02%逐步跃升到2023年的20.48%，一般常规街面市容类案件的办理时间，已经从过去的一两天甚至一周缩短到几十分钟。

三、数字赋能，推动城市共建共治共享

运用数字化手段推动城市治理的共建、共治、共享，通过多个应用小程序，为市民提供各类便捷服务，畅通市民参与城市管理的渠道，营造城市管理全民参与、共治共享的氛围。

一方面，济南市城市运行管理服务平台基于对城市部件物联网数据的系统整理，实现对城市建设、水电气热、路面、桥梁等城市部件的统一化、可视化管理，对城市生命线等风险进行立体化、全方位感知，筑牢城市安全防线，给予市民满满的安全感。

另一方面，市民如果遇到占道经营、乱停乱放、路口红绿灯被树枝遮挡严重等城

市管理问题，可以通过"济南掌上城管"小程序随手拍进行上报，将发现的问题直接上传至城管系统，处置部门随时通过 App 现场拍照进行案件回复。同时，市民也可以及时查看问题处置情况，实现城市管理问题"掌上拍、掌上报、掌上查、掌上办"。

四、城管服务平台运行效果

济南市智慧城管服务中心以"数字机关建设"为牵引，充分运用云计算、大数据、物联网等数字技术，建设济南市城市运行管理服务平台（城管大脑），打通数据壁垒、统筹运行监管、统一评价体系，建立城市管理问题及时发现、高效解决闭环机制，不断提高城市治理体系和治理能力现代化，为打造全省领跑、全国一流的数字城市，率先建成数字先锋城市，提供了平台支撑和善"智"示范。

第三节　智慧城市与城市信息模型平台

一、城市信息模型（CIM）平台的发展

城市信息模型（City Information Modeling，简称 CIM）平台的发展，从最初上海世博园区 256 个场馆的建设过程中产生，由于不同国家的设计方案及其采用的不同软件使数据无法合一，作为上海世博园区总规划师的吴志强提出，所有提交的规划设计方案必须采用统一的 BIM（Building Information Modeling）标准。同时，由总规划师牵头，研发可以承载单体建筑设计的 CIM 平台。当时的"C"，指的还不是 City，而是 Campus。随着时代的发展与现实技术的需求，CIM 中的"C"的含义已经扩展到了"City"，在北京城市副中心的规划设计中，将建筑指标、人口指标、学校、医院、能耗、就业等通过 CIM 平台进行精准分析，为未来的城市精细管理提供智能平台。

到如今，城市信息模型（CIM）已经有了全新的定义，城市信息模型（CIM）平台是以建筑信息模型（BIM）、地理信息系统（GIS）、物联网（IOT）等技术为基础，整合城市地上地下、室内室外、历史现状与未来等多维度、多尺度信息模型数据和城市感知数据，构建起三维数字空间的城市信息有机综合体。对于城市全时空、全尺度信息的数字化表达，它是构建智慧城市的基础，为城市规划、建设、运行管理的全过程"智慧"赋能。

二、智慧城市与城市信息模型（CIM）平台的互促发展

智慧城市是城镇化与数字化融合发展的着力点，也是推动城市高质量发展的新动力；城市信息模型（CIM）平台作为表达和管理城市三维空间的基础平台，是智慧城市的基础性、关键性和实体性的信息基础设施。二者相互促进，智慧城市的研究引领城市信息模型（CIM）平台的发展方向，城市信息模型（CIM）平台的搭建完善智慧城市的理论实践。

建设城市信息模型（CIM）基础平台是智慧城市建设的重要信息基础设施。根据住房和城乡建设部等13部门联合印发的《关于推动智能建造与建筑工业化协同发展的指导意见》（建市〔2020〕60号）中提出的要求，推动各地加快研发适用于政府服务和决策的信息系统，探索建立大数据辅助科学决策和市场监管的机制，完善数字化成果交付、审查和存档管理体系；通过融合遥感信息、城市多维地理信息、建筑及地上地下设施的BIM、城市感知信息等多源信息，探索建立表达和管理城市三维空间全要素的城市信息模型（CIM）基础平台。

目前，我国的智慧城市建设在经历过起步探索与落地实践的爆发阶段之后，正逐步进入理性探索的发展转型阶段。主要表现为政策制定从顶层设计类逐步过渡到建设实施方案类，相关标准从体系构建类逐步过渡到技术应用类，建设实践从大规模铺开逐步过渡到分领域探索和区域级集成应用。总体来讲，智慧城市的建设更加注重操作性和实效性，基于CIM技术的"城市大脑"或城市管理平台等正在被越来越多地提及。

第四节　上合示范区城市信息模型平台的搭建

一、搭建背景

党的十八大以来，党中央围绕实施网络强国战略、大数据战略等作出一系列重大部署。

上合示范区成立初期，极度缺乏数字资料支撑，制约了上合示范区的规划建设等。在此背景下，示范区管委综合研判各级部委要求，决定秉持"高标准规划建设"的原则，以数字政府建设为突破口，开展集地上地下一体、二维三维一体、海洋陆地一体、历史现状未来一体的"八位一体"CIM平台建设，以高标准建设城市信息模型

（CIM）基础平台，并以 CIM 平台为抓手，积极践行作风能力提升。

近年来，上合示范区管委全力打造新型智慧城市，加快建设数字化、网络化、平台化、智能化的上合组织地方经贸合作先行区。在此建设思路的指引下，上合示范区 CIM 基础平台应运而生，致力于高站位、高标准、高质量地推进新型智慧城市建设，与现有政务应用互联共通，实现国际化统一标准的数据资产共享与流通。

二、创新举措

2022 年 2 月 22 日，上合示范区 CIM 基础平台项目顺利通过由中国工程院院士、城乡规划学家吴志强领衔的专家团队的验收。吴志强院士表示，上合示范区 CIM 基础平台是全国首个融合住房和城乡建设部、自然资源部"双标准"要求，同时符合 CIM 基础平台、国土空间基础信息平台、时空大数据平台架构要求的"三位一体"平台，也是全国首个适应"一带一路"国际合作的 CIM 基础平台，项目成果整体达到国内领先水平，为全国综合示范区级别 CIM 基础平台建设做出了"上合示范"，贡献了"上合经验"。"上合示范区城市信息模型（CIM）基础平台"也荣获"2022 年山东省优秀测绘地理信息工程奖"一等奖。

（一）高标准建设 CIM 平台

高起点设计，助力新型智慧城市建设。综合研判住房和城乡建设部、自然资源部相关标准，结合示范区实际需求，在不同标准间取长补短，最大化利用"顶层设计"的智慧成果，设计完成了同时满足住房和城乡建设部、自然资源部"双标准"要求的 CIM 平台。

核心数据"一次建设、重复利用"。结合示范区实际需求，建成了地下管网、城市地质、基础地形图、建筑三维模型等 7 大类、23 小类时空数据，满足了示范区规划建设管理等所需的核心关键数据，并基于 CIM 平台，实现了核心数据不同业务阶段、不同职能部门间的重复利用，打通"数据孤岛"。通过共享 CIM 平台核心数据库，先后开发了国土空间规划"一张图"、产业地图、招商地图、数字孪生决策指挥中心、示范区电子沙盘等多个专业化信息系统，大幅提高了数据利用率。

以需求为导向，开发专业化"CIM+"应用。针对不同的个性化业务需求，在重复利用 CIM 平台数据的基础上，建成了国土空间规划"一张图""产业地图""招商地图"等的应用系统。基于数据汇聚与共享机制，无限量扩展"CIM+"应用，为解决特定需求提供完整的数据和技术支撑。

国内顶级专家团队把脉。本项目于 2022 年 2 月 22 日通过了由吴志强院士领衔的专家组的验收，被评定为国内首个同时符合 CIM 基础平台、国土空间基础平台、时空大数据平台的"三位一体"平台，也是首个服务于"一带一路"国际合作的 CIM 平台，达到国内先进水平。

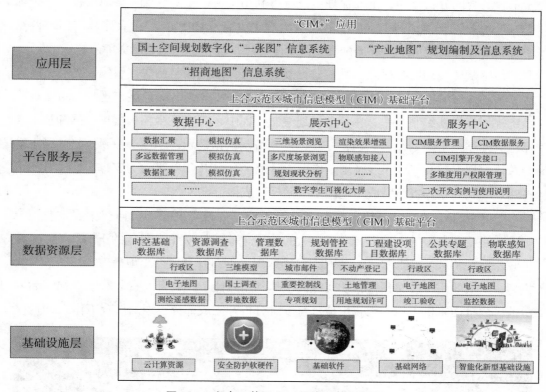

图 8-1　上合示范区 CIM 平台总体架构图

图 8-2　中国-上海合作组织地方经贸合作示范区 CIM 基础平台总览图

（二）数字赋能示范区建设规划

数字赋能土地要素支撑。CIM基础平台集成了土地利用全业务、全要素数据，基于平台的智能分析模型，全面梳理示范区可利用土地，在重点项目落地过程中，主动提供土地要素支撑，为上合广场、上合大厦、上合双创中心、"上合之珠"国际博览中心、上合大道地下道路交通配套工程等重点项目提供了土地资源保障。

数字赋能规划服务保障。城市建设规划现行，示范区坚持规划引领，先后开展完成了核心区域城市设计、地下空间规划、控制性详细规划、绿色城市规划、市政设施系统规划等规划编制工作。在各类规划编制过程中，CIM平台积极提供数据和技术支撑，大幅缩减了规划编制周期，提高了规划编制依据性和科学性。在新一轮的国土空间总体规划编制及三区三线规划工作中，示范区管委以CIM平台为支撑，协助青岛市自然资源和规划局提前完成预定国土空间规划成果方案。

数字赋能土地高效利用。示范区建设坚持"向地下要空间、向空中要效益"原则，就是要在有限的土地上，发挥最大的效益。基于CIM平台集成的土地利用、经济税收、能源消耗、企业法人、实时人口等数据，创新开发建设土地高效利用智能分析模型，对低效用地及时预警，切实提高土地利用效能。2022年7月，基于CIM平台对示范区内批而未供土地、闲置土地进行多维分析并完成部分土地的处置工作。

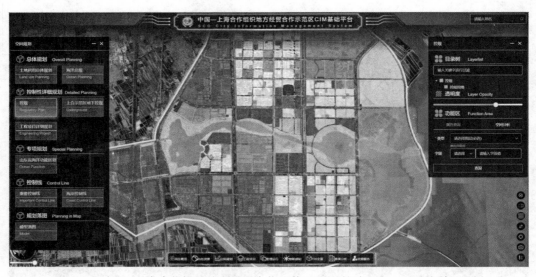

图8-3 中国−上海合作组织地方经贸合作示范区CIM基础平台——土地利用规划

（三）数字赋能招商引资

CIM平台建设初期便将赋能招商引资作为重点任务之一，以数字化为手段，积极宣传示范区政策优势、区位优势、生态优势等，为招商引资提供有效技术手段。

数字赋能区域品牌宣传。数字孪生全景中心是CIM平台专门针对招商引资建设的数字化模块，通过数字化手段，从全球"一带一路"、全国、青岛、上合示范区四个维度，多方位展示示范区的综合优势，先后被央视新闻、自然资源部官网、中国自然资源报、学习强国等主流媒体报道，以数字化手段提升示范区区域形象。

数字赋能精准招商。依托招商地图"CIM+"应用，制作形成示范区产业地图，细化各板块用地范围、面积规模、主导产业、基础设施配套条件，为产业布局和招商引资提供规划指引。叠加实时土地消化处置情况，动态更新招商地图，作为招商引资项目落地的依据。在卡奥斯、俄罗斯中心等项目招商工作中，以招商地图为索引，顺利引导项目向符合规划的土地精准落位，实现以地招商，精准招商。

数字赋能国际招商。CIM平台针对"一带一路"沿线国家，建设了多语言版本，利用高逼真的数字化技术，直观地展示示范区的综合优势。目前，其已应用于上合示范区线上国际招商引资工作，取得了良好效果。

（四）数字赋能项目落地

以"土地要素跟着项目走"为原则，以项目为中心，利用数字化手段，全方位保障项目落地。

数字赋能流程再造，缩短项目审批周期。重新梳理项目落地涉及的土地要素配置、设计方案评审等多个内部流程，依托CIM平台，深化内部流程再造。在能源岛、万洋、中集、青锻、有住鲁盟等项目中，主动对接企业，做到提前介入服务，为项目落地打通内部环节。

数字赋能"多测合一"，缩短项目落地周期。依托CIM平台，实现"多测合一"，数据成果广泛应用于企业科研立项、规划选址、方案设计、开工建设等各阶段业务，避免了重复提交资料，缩短了各类业务周期。在保障上合经贸学院、"法国客厅"、上合国际交流中心、上合建国饭店项目等重大项目的实施过程中，充分发挥"多测合一"制度优势，实现了各类资料全生命周期的利用，降低了建设费用，缩短了项目实施周期。

优化顶层设计，赋能新城建项目落地。CIM平台科学开放的架构设计，为示范区新城建提供了良好的生态环境。依托CIM平台能够为新城建项目提供高精度、高现实性数据支撑，缩短了项目建设周期，降低了项目建设费用。同时，各类新城建项目成果能够实时接入CIM平台，最大限度地发挥项目成果效益，为新城建项目的落地提供了完整的框架和生态支撑。

图8-4　中国—上海合作组织地方经贸合作示范区CIM基础平台——工程项目管理

上合示范区依托城市信息模型（CIM）平台为示范区规划、建设、管理等提供统一、标准、规范的共享服务，助力智慧示范区建设。

三、建设成效

（一）标准融合

上合示范区CIM平台成为全国首个探索融合住房和城乡建设部以及自然资源部信息化建设"双标准"要求，同时符合CIM基础平台、国土空间基础平台、时空数据云平台架构要求的"三位一体"平台。同时，上合示范区CIM平台也是首个服务"一带一路"国际合作的CIM基础平台。上合示范区CIM平台构建了统一、权威、精准的智慧城市时空数字底座，有效支撑上合示范区智慧城市建设，形成了可复制、可推广的CIM基础平台"1+1+N"青岛模式样板。

（二）应用导向

上合示范区CIM平台建设项目通过构建"地上地下一体、二维三维一体、室内室外一体"的城市信息模型（CIM）基础平台，形成权威、统一的智慧城市空间数字基底。依托CIM基础平台和时空数据库，建设国土空间规划一张图、招商地图和产业地图等应用场景，为线上国际招商引资、网上设计方案会审等提供了信息化支撑，全面服务示范区"规、建、管、运、服、检"全链条业务工作，有效推动示范区工作提质增效，实现示范区高质量、智慧化发展。

（三）互联共享

上合示范区 CIM 平台通过促进示范区全生命周期的数据交换共享以及跨领域、跨部门业务协同，助力上合示范区打造全国首个服务上合组织地方经贸合作"一带一路"国际合作新平台的 CIM 基础平台。在全国"新城建"试点工作综合示范区级别的 CIM 基础平台试点中，上合示范区 CIM 平台实现了示范区现有政务应用的互联与共享，有效做出了"上合示范"，贡献了"上合经验"。

（四）技术创新

上合示范区 CIM 平台通过地图内容审查、三维数据非线性变化等技术，实现了三维数据脱敏脱密；基于高逼真感渲染引擎，实现了 CIM 大场景数据的高效数据索引；通过云渲染方式，实现客户端应用，助力网上招商、线上会商等多场景应用。此外，上合示范区 CIM 平台通过汇集示范区全部时空基础数据，形成了一套完整的数据收集、整合更新、管理和应用的机制，解决了各部门数据信息不共享、不对称的问题，打开了基于 CIM 平台的"CIM+"的应用系统的开发和提升空间，也为上合示范区的数字经济发展提供了基础保障。

第九章

≪≪≪ 海绵城市重塑　实现可持续发展

第一节　海绵城市建设的理念

随着城市化的快速发展，大量的自然地表被硬质材料所覆盖，如混凝土和沥青，这导致雨水无法像在自然环境中那样渗透进土壤，从而减少了地下水的补给，改变了原有的水循环过程。全球气候变化导致极端天气事件的频率和强度的增加，如暴雨、洪水等，这对城市的排水系统提出了更高的要求。传统的城市排水系统往往无法应对极端降雨事件，导致城市洪涝灾害频发，对人民的生命财产安全造成威胁。城市化过程中，由于水循环被破坏，加之人口增长和工业用水需求的上升，许多城市面临水资源短缺的问题。传统城市雨水径流会带走路面的污染物，最终流入河流、湖泊，导致水体污染，影响生态环境和人类健康。在城市化过程中，湿地、河流和其他自然生态系统被破坏，这些系统在自然条件下具有调节水循环和净化水质的功能。随着人们环境保护意识和可持续发展意识的提高，需要寻找一种新的城市发展模式，既能满足经济社会发展的需求，又能保护和改善环境。为了解决上述问题，中国在2012年提出了海绵城市的概念，并在2015年将其上升为国家战略。

在国外，海绵城市建设已经得到了广泛的推广和实践。许多发达国家已经将海绵城市建设纳入了城市规划和建设的重要内容之一，通过制定相关政策、设立专项资金、建设生态设施等措施，积极推进海绵城市建设。美国在20世纪90年代初就提出了低冲击开发的理念，又称低影响开发（简称LID），其基本原理是在人工系统的开发建设活动中，尽可能减少对自然生态系统的冲击和破坏。LID的方法包括储存、下渗、蒸发、滞留，以削减地表径流，促进地下水补充，通过分散的、小规模的源头控制机制和设计技术，达到对暴雨所产生的径流和污染的控制，从而使开发区域尽量接近开发前的自然水文循环状态。英国提出可持续排水系统（Sustainable Drainage Systems，简称SUDS）的概念，其基本原理也是模仿自然过程，对雨水进行存蓄，然后缓慢释放，促进雨水下渗，运用设计技术过滤污染物，控制流速，创造宜人的环境。澳大利亚提出水敏感城市设计（Water Sensitive Urban Design，简称 WSUD）的思想，也是体现了一种雨水源头控制的理念，其原则是在城市开发中保护自然系统、保护水质，将雨水处理与景观相结合，降低雨水径流量和峰值流量。其实质是将雨水在源头上进行收集、控制，减少暴雨径流，同时减少水资源的浪费，这也是一种新型的节水技术。同时，德国、新西兰等国家也都基于雨水管理提出了相应的措施。

在国内，海绵城市建设也得到了广泛的关注和推广。2014 年 11 月，住建部出台《海绵城市建设技术指南》，明确了海绵城市的概念、建设路径和基本原则，并进一步细化了地方城市开展海绵城市的建设技术方法，指导各地建设海绵城市，旨在从源头缓解城市内涝等现象。2015 年 1 月，财政部、住建部、水利部三部委联合下发了《关于组织申报 2015 年海绵城市建设试点城的通知》。2015 年 4 月，我国首批海绵城市建设试点名单公布，16 个城市名列其中，它们是经过竞争性评审，从全国 130 多个申报城市中脱颖而出的。2015 年 10 月，国务院发布《关于推进海绵城市建设的指导意见》，针对海绵城市建设提出了包括规划阶段、建设阶段、政策支持以及组织落实四大部分共十项具体措施。2015 年 12 月，在时隔 37 年召开的中央城市工作会议上，海绵城市成为未来城市建设的重要考核指标之一，也成为解决城市雾霾、水患、热岛效应等城市病的方案之一。2016 年 3 月 17 日发布的《国民经济和社会发展第十三个五年规划纲要》在"建设和谐宜居城市"章节，专门提到"加强城市防洪防涝与调蓄、公园绿地等生态设施建设，支持海绵城市发展，完善城市公共服务设施"。3 月 18 日，住建部印发《海绵城市专项规划编制暂行规定》，要求各地抓紧编制海绵城市专项规划，于 2016 年 10 月底前完成海绵城市专项规划草案，按程序报批。该规定指出，海绵城市专项规划的主要任务是研究提出需要保护的自然生态空间格局、明确雨水年径流总量控制率等目标并进行分解，确定海绵城市近期建设的重点。老城区以问题为导向，重点解决城市内涝、雨水收集利用、黑臭水体治理等问题；城市新区、各类园区、成片开发区以目标为导向，优先保护自然生态本底，合理控制开发强度。也是在 2016 年 3 月，财政部、住建部、水利部等三部委联合下发了《关于开展 2016 年中央财政支持海绵城市建设试点工作的通知》，再次启动新一轮中央财政支持海绵城市建设试点工作。试点要求更加严格、标准更加细致，具体参数都比之前的有所量化。此外，这次对申报城市增加了一项资格审核条件，即试点区域必须包括一定比例的老城区。4 月底，通过现场答辩，专家现场打分，现场公布成绩，14 城入选 2016 国家海绵城市试点。实现"十三五"时期发展目标，破解发展难题，厚植发展优势，必须牢固树立并切实贯彻"创新、协调、绿色、开放、共享"发展理念，绿色成为发展的新常态和主旋律，是关系我国经济社会发展全局的一场深刻性变革，海绵城市则是"绿色发展"的底色。

近年来，全国多地积极推进海绵城市建设并取得了一定的成效。例如，在有效缓解城市内涝灾害方面，北京市按照海绵城市建设理念，对环路下凹式立交桥区进行改造，综合采取渗、滞、蓄、排等措施，提升桥区的排水防涝能力。遂宁市对阜丰巷老旧小区进行海绵化改造，小区内涝积水点得到了有效控制。而在城市黑臭水体整治方面，常德市市区的穿紫河原来是一条黑臭河道，沿岸居民对此意见极大。海绵城市试点工作开展后，综合采取调蓄、生态净化等海绵化措施，消灭了水体黑臭，大大改善了河道生态环境。

海绵城市理念是指在进行城市规划建设和管理的过程中要充分发挥建筑物道路或者绿地等生态系统对雨水的吸纳、吸收、渗透能力以及释放能力，有效地控制雨水径流，实现对雨水的自然消化、自然渗透和净化，从而有效地改善雨水天气对城市交通造成的拥堵，促进城市水资源的综合利用，使城市基础设施建设得更加美好和完善，因此可以说海绵城市理念对于市政排水设计提供了重要的设计方向与思路。

海绵城市理念强调在对基础设施进行规划的过程中，必须坚持科学合理的设计，综合采取一些"渗、滞、蓄、净、用、排"等措施。海绵城市理念对于我国努力构建"经济节约型、环境友好型"社会具有较大的帮助，能够提高城市的自然修复功能，增强城市的防洪、防涝能力，缓解人与自然和城市发展之间的矛盾，对于我国实现生态可持续发展具有重要意义。海绵城市理念的提出直接体现了城市的科学发展观，面对当下我国城市中排水系统的不完善、不科学造成的城市淤水现象，必须结合海绵城市理论，重新规划和设计排水系统，确保城市建设的科学合理性。

海绵城市理念作为一种全新的科学理论，为我国城市建设规划、设计提供了重要思路，直接体现在市政排水设计中对海绵城市理念的运用，主要表现在以下几个方面。

首先，海绵城市理念的应用能够给市政排水设计提供更有效的规划和设计指导。面对当下我国城市中排水设计不合理的现象，尤其是雨水天气出现之后城市犹如一个池塘，排水较为缓慢，这些现象的出现表明我国当下的排水系统存在一定的缺陷，给人们的出行带来了极大的不便，也严重影响到了整个城市的市容市貌。因此，为了完善城市市政排水系统及设施，应充分地、科学地运用海绵城市理念，对有条件的老旧城区进行合理的排水系统改造，对新建城区进行合理规划，提高城市的自然修复功能，解决下雨天排水难的问题，避免水城现象的再现。

其次，海绵城市理念的应用能够使城市市政排水系统更加符合可持续发展的理念，促进我国水资源的有效保护，维持生态平衡发展。海绵城市建设理念作为一种科学的城市建设理念，不仅融合了环保、生态、自然和谐等因素，而且也直接体现了我国可持续发展的基本战略。因此，在城市市政排水系统设计中遵循海绵城市理念能够有效地促进我国市政排水系统建设，实现我国城市排水设计建设的科学性，并有利于实现水资源的综合利用，提高我国城市用水和水消化的能力。

最后，海绵城市理论在市政排水设计中的有效应用能够提高我国城市资源的综合利用，实现城市空间利用的最大化。面对当下我国城市人口不断增多、城市占地面积有限的现状，为了最大限度地利用城市占地空间，必须要不断完善、优化城市基础设施，设置科学合理的城市建设规划，来缓解人口增长对现有市政排水设施带来的巨大压力。为了解决当下城市排水问题，必须改造或扩建现有排水管道及设施，根据现状及规划的城市规模、人口数量建设完善的、超前的、渗透能力强的排水系统，提高雨水的下渗能力、收集比率并进行重复利用，有效促进我国城市水资源的综合利用。

第二节　海绵城市的核心组成

海绵城市的核心组成包括雨水收集系统、雨水排放系统、雨水渗透系统、雨水调蓄系统和综合管理平台等方面。

一、雨水收集系统

海绵城市中的雨水收集系统是一项基于传统的雨水收集技术和城市自身特点的改进方案。该系统通过规划城市内部的雨水收集区域，将雨水收集到一定的容器中，进行处理和净化后再进行回收和利用。具体来说，雨水收集系统可以分为以下几个部分。

（1）雨水收集区域。该区域可以是城市内部的广场、园林绿化带等自然区域，也可以是建筑屋顶、塔楼外墙等人工设施。在这些区域内，可以设置雨水收集设备并进行适当的设计，保证雨水能够顺利地收集到设备中。

（2）雨水收集设备。雨水收集设备主要由雨水存储池、滤水设备、调节设备等部分组成。在存储池内，可以收集雨水并存储；在滤水设备中，则可以进行雨水的初步过滤、去除杂质等工作；调节设备可以根据需求适当调整雨水的排放量，确保雨水的有效利用。

（3）雨水利用设施。通过适当的处理和净化，存储池内的雨水可以成为城市绿化和景观用水、农业灌溉用水、工业生产用水等多种用途的水源，而通过雨水利用设施，这些水源可以得到有效利用。

雨水收集系统的建设对于海绵城市的建设有着非常重要的意义。首先，雨水收集系统可以有效地减少城市洪涝灾害的发生。在雨季，大量的雨水会流入河流、湖泊等水体，可以将雨水储存起来，减少水体的水位，从而降低城市洪涝的风险。其次，通过雨水收集系统，可以将雨水收集起来，经过处理后用于生活用水、工业用水等，从而减轻对传统水源的依赖，缓解城市水资源紧张的局面。最后，雨水收集系统还可以有效地减少地表径流，从而减少水土流失和环境污染。同时，通过雨水收集系统收集到的雨水可以用于绿化灌溉、清洁街道等，不仅可以节约用水，还可以改善城市生态环境。雨水收集系统在海绵城市中扮演着重要的角色，它可以有效地减少城市洪涝灾害的发生，补充城市水资源，改善城市的生态环境。

二、雨水排放系统

海绵城市的雨水排放系统是一个综合性的雨水处理和排放系统，主要包括雨水收集、输送、处理和排放等环节。该系统的目标是通过对雨水的科学管理和合理利用，提高城市的生态环境质量，保障居民的正常生活和工作。具体来说，雨水排放系统通过一系列的设施和技术手段，将雨水进行收集、输送、处理和排放，以减少城市内涝、水体污染等问题，同时实现雨水的资源化利用，提高城市的可持续发展能力。

通过建设地下排水管网、泵站等设施，将雨水排放到河流、湖泊等水体中。雨水排放系统首先通过各种雨水收集设施，如雨水口、雨水管道等，将雨水收集起来。这些设施通常与城市排水系统相结合，将雨水引入排水系统中。收集起来的雨水通过管道、渠道等输送设施，将雨水输送到处理设施或排放点。在输送过程中，可以采取一定的措施，如调节水位、控制流速等，以减少对城市基础设施的冲击和影响。对于不能直接排放的雨水，需要通过一定的处理，如沉淀、过滤、消毒等，以去除雨水中的杂质和有害物质，满足排放标准。在处理过程中，可以根据实际情况选择不同的处理工艺和技术。经过处理的雨水可以通过自然排放或人工排放的方式进行排放。自然排放是指通过开沟、排水渠等自然途径将雨水排入自然水体中；人工排放是指通过泵站、排放口等人工设施将雨水排放到自然水体中。在排放过程中，需要控制排放的流量和速度，以避免对自然水体造成过大的影响。

该系统需要综合考虑降雨规律、地形地貌、水文条件等多种因素，合理规划排水管网和泵站的位置和规模。降雨强度是指单位时间内降水量的多少，通常用毫米/小时表示。降雨强度越大，地表径流的量就会增加。当降雨强度超过土壤的渗透能力时，雨水就会形成地表径流快速流入河流水域。地形地貌对于雨水的排放规律有着重要的影响。例如，在山区或丘陵地区，地势起伏较大，容易形成河谷，降雨后地表径流较快，雨水容易聚集在低洼处。相反，在平原地区，地势较为平坦，地表径流相对较弱。土壤类型也是影响雨水排放的重要因素之一。不同土壤类型的渗透能力不同，因此在不同类型的土壤中，雨水的排放规律也会有所差异。例如，砂土渗透能力强，雨水在砂土中的渗透速度较快；而黏土渗透能力较弱，雨水渗透速度较慢。

三、雨水渗透系统

海绵城市雨水渗透系统是通过增加城市地面的透水性，使雨水能够自然渗透到地下土壤中。这一系统利用透水铺装、雨水花园、下沉式绿地、渗透沟、渗透井等设施和技术手段，模仿自然界的水循环过程，将雨水就地消纳、吸收和储存，实现雨水的自然渗透和净化。

海绵城市雨水渗透系统通过模仿自然界的水循环过程，实现雨水的自然渗透和净化，对城市的生态环境、水资源利用、气候调节等方面都具有积极的意义。海绵城市雨水渗透系统的意义主要体现在以下几个方面：通过植被和土壤的净化作用，雨水渗透系统能够去除雨水中的杂质和有害物质，提高雨水的质量，有助于减少对水体的污染，保护生态环境，实现城市与自然的和谐发展；通过增加地面的透水性，有效减少地面积水，降低城市内涝的风险，保障城市的正常运行和居民的正常生活；将雨水进行收集、储存和利用，可以用于浇灌植物、冲洗道路等，减少对市政供水的依赖，实现水资源的循环利用和节约；通过增加城市的绿化率和改善城市的空气质量，调节城市微气候，缓解城市热岛效应；雨水渗透系统能够降低城市洪涝灾害的风险，提高城市的抗灾能力，在遇到暴雨等极端天气情况时，能够减少对居民生活的影响；雨水渗透系统能够将雨水自然渗透到地下土壤中，补充地下水的不足，这有助于维持地下水位的稳定，改善地下水环境；通过增加地面的透水性，雨水渗透系统能够增加城市的绿化率，改善城市的空气质量和气候环境。

四、雨水调蓄系统

调蓄是维持自然水文循环和城市良性水文循环极关键的环节，也是构建海绵城市的重大举措。我国古人在治水、用水方面已充分显示了对调蓄的理解和智慧。然而当代，随着城市雨水"快排"理论的发展和灰色排水基础设施的大量建设，城市自然蓄排系统的格局发生了显著变化。传统灰色基础设施的增加减少了对自然调蓄排放设施的需求，大量河道、坑塘、湿地等天然调蓄设施被破坏、填埋甚至消失，城市调蓄能力大幅下降。绿色调蓄设施是城市"海绵体"的最重要形式，没有了绿色调蓄设施，海绵城市也将成为空中楼阁。

海绵城市雨水调蓄系统的原理是模仿自然界的雨水循环过程，通过收集、储存、调节和利用雨水，实现雨水的自然渗透、滞蓄、净化、回用和排放。该系统旨在减轻城市排水系统的压力，缓解城市内涝和洪水灾害，同时充分利用雨水资源，实现水资源的可持续利用。

海绵城市雨水调蓄系统的意义在于通过调蓄系统的储存和调节作用，有效地减轻城市排水系统的压力，减少城市内涝和洪水灾害的发生；雨水是一种重要的自然资源，通过调蓄系统的储存和利用，可以有效地补充城市的水资源，缓解城市用水压力，实现水资源的可持续利用；通过调蓄系统的净化作用，可以有效地减少雨水中的污染物质，改善城市的水环境和生态环境；通过调蓄系统的建设和运行，可以有效地提高城市的抗灾能力，保障居民的生命财产安全；海绵城市雨水调蓄系统的建设和运行符合可持续发展的理念，有利于城市的可持续发展。

五、综合管理平台

海绵城市综合管理平台是一种集成了物联网、大数据、云计算等先进技术手段的城市水管理系统。它通过对城市排水系统的智能化改造和升级，提高城市排水系统的排水能力和应对暴雨等极端天气事件的能力，减少城市内涝和洪水灾害的发生。其平台的核心是运用物联网技术手段，通过部署在城市各个角落的传感器、控制器等设备，实时监测城市排水系统的运行状况和雨水排放情况。同时，通过大数据分析和云计算等技术手段，对收集的数据进行实时处理和分析，预测未来雨水的排放趋势和城市排水系统的运行状况，为城市管理者和决策者提供科学依据和决策支持。海绵城市综合管理平台还强调与城市规划和建设的协调发展，将海绵城市理念融入城市规划和建设中，从源头上控制和减少城市内涝的风险。同时，该系统还注重与市民的互动和参与，通过信息化手段及时向市民发布预警信息和应对措施，提高市民的自我防范意识和应对能力。

海绵系统管理平台的核心功能包括实时监测、数据处理和分析、调度和控制、预警和应急响应、综合管理。

（一）实时监测

通过部署在城市各个角落的传感器和监测设备，实时监测城市的水资源状况和变化趋势，包括水位、流量、水质等参数。其功能主要依托于物联网、大数据和云计算等先进技术手段，对城市的水资源状况进行实时、全方位的监测，确保及时发现和解决潜在问题，并为后续的数据处理、分析和决策提供可靠依据。其功能特点包括以下内容，① 实时性：海绵系统管理平台的实时监测功能能够实现数据的实时采集和传输，确保数据的时效性和准确性，通过实时的数据反馈，管理者可以迅速了解城市水资源状况，及时作出响应。② 全方位监测：平台可以对城市的水资源进行全方位监测，包括水位、流量、水质等多个方面，这些参数的实时监测，有助于全面了解城市水资源的状况，为后续的决策提供全面的数据支持。③ 自动报警：当监测到的数据出现异常，如水位过高或水质恶化，平台会自动触发报警机制，通过短信、邮件或者App推送等方式，及时通知相关人员，以便迅速采取应对措施。④ 可视化展示：通过数据可视化技术，将复杂的数据以直观、易懂的方式展示出来，用户可以直观地看到城市水资源状况的变化趋势，更好地理解数据背后的意义。⑤ 数据存储与分析：所有的监测数据都会被存储在云端，以便进行后续的数据分析。通过大数据分析技术，可以对历史数据进行深度挖掘，预测未来的水资源状况，为决策提供科学依据。

　　为了实现实时监测，需要在各个关键区域部署相应的传感器，如水位计、流量计、水质分析仪等。这些传感器负责收集水资源数据，并通过无线方式传输到管理平台。同时，数据的传输需要依靠稳定、高效的数据传输技术。目前常用的有LoRa、NB-IoT等低功耗广域网技术，这些技术可以确保数据的实时传输，并且具有较好的稳定性。为了更好地对数据进行处理和分析，需要利用大数据分析技术，常用的工具有Hadoop、Spark等，这些工具可以对大规模数据进行高效处理，挖掘出数据背后的价值。

（二）数据处理和分析

　　海绵系统管理平台的数据处理和分析功能是其重要组成部分，通过对实时监测和采集的大量数据进行处理和分析，为城市管理者和决策者提供科学依据和决策支持。该功能是实现城市水资源科学管理和可持续利用的关键环节。

　　数据处理流程包括以下内容，① 数据收集：海绵系统管理平台需要收集多方面的数据，包括气象数据、土壤数据、水文数据、水质数据、城市规划数据等。这些数据可以通过传感器、监测设备、遥感技术等手段获取。例如，气象数据可以通过气象站提供的实时数据获取；土壤数据和水文数据可以通过部署在各个关键点的传感器实时监测；水质数据可以通过定期采样和实验室分析得到；城市规划数据可以从城市规划部门获取。② 数据预处理：收集到的数据往往存在噪声、缺失值、异常值等问题，需要进行预处理以提高数据质量。预处理方法包括数据清洗、数据插补、数据平滑等。数据清洗主要是去除噪声和异常值；数据插补是针对缺失值进行处理，可以采用均值插补、回归插补等方法；数据平滑是对数据进行滤波处理，消除数据的波动和毛刺。③数据分析：经过预处理后的数据可以进行进一步的分析，包括统计分析、趋势分析、关联分析等。统计分析主要是计算各项指标的均值、方差、标准差等统计量，以反映数据的整体特征；趋势分析是通过绘制时间序列图、折线图等，观察数据随时间的变化趋势；关联分析是探究不同数据之间的相互关系，如降雨量与径流量之间的关系、土壤含水量与植被生长状况之间的关系等。④模型构建：基于数据分析的结果，可以构建数学模型或机器学习模型，对海绵城市雨水调蓄系统进行模拟和预测。数学模型包括水文模型、水质模型、生态模型等，用于模拟水文循环过程、污染物迁移转化过程、生态系统演变过程等；机器学习模型包括回归模型、分类模型、聚类模型等，用于预测未来一段时间内的降雨量、径流量、水质状况等。⑤结果展示：将数据分析和模型预测的结果以图表、报告等形式展示出来，便于决策者了解海绵城市雨水调蓄系统的运行状况和发展趋势。结果展示可以采用可视化技术，如地理信息系统（GIS）、三维可视化等，直观地展示数据的空间分布和动态变化。⑥决策支持：根据数据分析和模型预测的结果，为决策者提供科学的决策依据，指导海绵城市雨水调蓄系统的规划、设计、运行和管理。例如，可以根据降雨量的预测结果调整蓄水池的容量、优化排水系统的布局等；可以根据水质状况的监测结果制定污染物减排措施、调整污水处理工艺等。

常用的数据分析方法有以下几种。

统计分析：对收集到的数据进行统计分析，包括平均值、方差、趋势分析等，以了解数据的基本特征和变化规律。统计分析是海绵系统管理平台数据分析的基础方法。

数据挖掘：利用数据挖掘技术，对历史和实时数据进行深入挖掘，发现数据背后的关联和规律。常用的数据挖掘算法包括聚类分析、关联规则挖掘、决策树等，通过数据挖掘，可以发现潜在的水资源问题和水资源管理优化方案。

预测分析：利用机器学习算法和人工智能技术，对历史和实时数据进行训练和学习，预测未来的水资源状况和发展趋势。预测分析可以帮助城市管理者提前制定应对措施和规划方案。

地理信息系统分析：将监测数据与地理信息相结合，利用地理信息系统技术进行空间分析和可视化展示。通过地理信息系统分析，可以了解水资源在空间上的分布情况和变化趋势，为城市规划和建设提供科学依据。

（三）调度和控制

海绵系统管理平台的调度和控制功能是其关键环节，通过对城市水资源的实时监测和数据分析，实现对城市水资源的有效调度和控制，确保城市水资源的合理利用和可持续性。

海绵城市的调度和控制系统对于响应极端天气事件、优化水资源利用、减少洪涝灾害风险以及保护和改善城市水环境至关重要。一个高效的调度和控制系统能够实时监测并响应降雨情况，动态调节蓄水和排水设施的运行状态；管理和优化水资源的收集、存储、净化和利用过程；减轻城市排水系统的压力，防止内涝发生；提高对突发水污染事件的应急响应能力；通过智能调度，降低运营成本，提升系统效率。

其调度和控制流程有以下几个方面，① 数据监测和分析：通过实时监测系统，收集各个监测点的水位、流量、水质等数据，并利用数据分析技术对数据进行分析，了解城市水资源的状况和变化趋势；② 调度方案的制定：根据监测和分析结果，制定相应的调度方案，调度方案应综合考虑水资源的需求和供给、水资源的可持续利用以及防汛抗洪等方面的因素；③ 控制系统实施：通过自动化控制系统，将调度方案转化为具体的控制指令，实现对城市水资源设施的远程控制和操作，控制系统应具备稳定可靠、安全高效的特点，确保控制指令的准确执行；④ 效果评估和反馈：对调度和控制的效果进行实时评估和反馈，及时发现和解决存在的问题，同时根据效果评估结果，不断优化调度方案和控制策略，提高调度和控制的效率和准确性。

海绵系统管理平台的调度和控制功能采用自动化控制技术，实现对城市水资源设施的远程控制和操作。自动化控制技术包括 PLC、DCS 等工业控制系统的应用，能够实现控制指令的准确执行和水资源设施的稳定运行。通过可靠的通信技术手段，确保实时监测数据和控制指令的传输质量和稳定性。常用的通信技术包括有线通信、无线通信和网络通信等。利用云计算平台强大的数据处理和分析能力，实现对海量数据的快速处理和高效分析。云计算平台还可以提供弹性的存储和计算资源，满足调度和控制系统的动态需求。结合大数据分析技术，对历史和实时数据进行深入挖掘和分析，提供决策支持。大数据分析技术可以帮助决策者发现数据背后的关联和规律，为调度和控制提供科学依据。

（四）预警和应急响应

海绵系统管理平台的预警和应急响应功能是保障城市水资源安全的重要环节。通过实时监测和数据分析，及时发现潜在的安全风险和突发事件，快速启动应急响应措施，降低风险和减少损失，确保城市水资源的可持续利用和社会稳定。

预警功能包括以下内容，① 预警机制建立：根据城市水资源的特点和实际情况，建立完善的预警机制。预警机制应包括预警标准制定、预警等级划分、预警启动流程等方面，确保预警的准确性和及时性。② 监测数据异常检测：通过对实时监测数据的实时分析，及时发现异常情况。异常检测应包括水位异常、流量异常、水质异常等方面的检测算法，提高异常检测的准确性和可靠性。③预警信息发布：一旦发现异常情况，系统应立即启动预警，通过短信、邮件、App 推送等方式，及时向相关人员发送预警信息，提醒采取应对措施。④预警效果评估：对预警效果进行实时评估，了解预警系统的准确性和有效性。根据评估结果，不断优化预警算法和机制，提高预警的准确性和及时性。

应急响应功能包括以下内容：①应急预案制定：根据城市水资源可能面临的安全风险和突发事件，制定相应的应急预案。应急预案应包括应对措施、资源调配、人员组织等方面的内容，确保应急响应的有效性和及时性。②快速响应启动：一旦发生异常情况或突发事件，系统应迅速启动应急响应流程，按照应急预案的要求，协调各方资源，采取有效措施应对。③资源调度与配置：根据应急响应的需求，合理调度和配置人力、物力、财力等资源，确保应急响应的高效运行。资源调度与配置应充分利用信息化手段，提高调度和配置的效率和准确性。④实时监控与反馈：对应急响应的过程进行实时监控和反馈，及时了解响应进展和效果。通过实时数据采集和传输，掌握应急现场的情况变化，为决策者提供准确的信息支持。⑤事后评估与总结：应急响应结束后，应对整个响应过程进行评估和总结。其评估应包括响应速度、资源调配、措施效果等方面；总结经验教训，优化应急预案和流程，提高未来应对突发事件的能力。

海绵系统管理平台的预警和应急响应功能是利用物联网技术实现监测设备的远程监控和数据采集，确保数据的实时性和准确性。通过物联网技术，可以实现对水位、流量、水质等参数的实时监测和传输。利用大数据分析技术对海量数据进行处理和分析，及时发现异常情况和潜在风险。大数据分析技术包括数据挖掘、机器学习等，可以提高数据分析的准确性和效率。利用云计算平台提供强大的计算和存储能力，支持大规模数据的处理和分析。云计算平台还可以提供弹性的资源和高效的性能，满足应急响应的快速需求。利用人工智能技术对监测数据进行智能分析和预测，提高预警和应急响应的准确性和及时性。

（五）综合管理

海绵系统管理平台的综合管理功能是其核心组成部分，旨在实现城市水资源的全面管理和高效利用。通过综合管理，可以对城市水资源进行统一规划、统一调度、统一监测和统一分析，确保城市水资源的合理配置和可持续利用。

海绵系统综合管理内容有以下几个方面，①统一规划：制定城市水资源的统一规划方案，综合考虑水资源的需求和供给、水资源的可持续利用以及防汛抗洪等方面的因素。统一规划可以确保城市水资源的合理配置和高效利用，为城市的发展提供有力支持。② 统一调度：根据城市水资源的需求和供给情况，制定科学的统一调度方案。统一调度可以实现对水资源设施的远程控制和操作，优化水资源配置，提高水资源的利用效率。③ 统一监测：建立统一的监测网络，对城市水资源进行实时监测和数据采集。统一监测可以确保数据的准确性和完整性，为综合管理提供科学依据。④ 统一分析：对监测数据进行统一分析，了解城市水资源的状况和变化趋势。通过数据分析，可以发现潜在的水资源问题和水资源管理优化方案，为决策者提供科学依据和支持。⑤ 综合评估：对城市水资源的管理效果进行综合评估，了解管理水平的优劣。综合评估应包括经济效益、社会效益、环境效益等方面的评估指标，为进一步提高管理水平提供参考。⑥ 综合决策：根据综合评估结果和城市发展需求，制定科学的综合决策方案。综合决策应综合考虑多方面的因素，包括经济、社会、环境等方面的因素，为城市水资源的可持续发展提供有力支持。

海绵系统综合管理平台将各个监测站点和数据源的数据进行整合，形成一个统一的数据中心。数据整合技术应支持多种数据格式和数据接口，确保数据的准确性和完整性。利用数据处理和分析技术对数据进行处理和分析，提取有价值的信息。数据处理和分析技术包括数据挖掘、统计分析、人工智能等技术手段，可以提高数据分析的准确性和效率。利用云计算平台提供强大的计算和存储能力，支持大规模数据的处理和分析。云计算平台还可以提供弹性的资源和高效的性能，满足综合管理的快速需求。利用大数据技术对海量数据进行处理和分析，发现数据背后的关联和规律。大数据技术包括数据挖掘、机器学习等技术手段，可以提高数据分析的准确性和效率。将监测数据与地理信息相结合，利用GIS技术进行空间分析和可视化展示。通过GIS技术，可以了解水资源在空间上的分布情况和变化趋势，为决策者提供科学依据和支持。

第三节　海绵城市的关键技术

海绵城市的关键技术主要包括水系湿地技术、绿色屋顶技术、生态河道技术、雨水花园技术、渗透铺装技术、人工湿地技术、生态堤岸技术、生态植草沟技术。

一、水系湿地技术

海绵城市水系湿地技术是海绵城市建设中的重要组成部分，通过保护、建设和利用湿地，实现城市水资源的有效管理和利用，提高城市生态环境质量。水系湿地作为城市的净化器，能够有效保护城市环境，调节气候，促进生态平衡。

水系湿地主要具备以下功能。

（1）水资源保护：水系湿地能够有效地保护城市水资源，通过吸收、储存和净化雨水，减少城市排水量，补充地下水，缓解城市水资源短缺的问题。同时，水系湿地还能够调节水位，减轻城市排水系统的压力。

（2）生态平衡：水系湿地是生态系统的重要组成部分，能够提供丰富的生物栖息地，促进生物多样性的发展。湿地中的植物、微生物和动物之间形成了复杂的生态关系，有助于维护生态平衡。

（3）净化空气：水系湿地中的植物能够吸收二氧化碳、释放氧气，净化空气。同时，湿地还能够吸收空气中的颗粒物、有害气体等污染物，改善空气质量。

（4）调节气候：水系湿地能够调节局部气候，通过蒸发作用将水分送回大气中，增加空气湿度，缓解城市热岛效应。同时，湿地的水分还能够影响风向和风速，改善城市微气候。

（5）提供景观和休闲场所：水系湿地具有优美的自然景观，能够为市民提供休闲、观光和运动的场所。湿地的建设还能够改善城市环境质量，提高城市的宜居性。

二、绿色屋顶技术

海绵城市绿色屋顶技术，通常简称为绿色屋顶，是一种结合了生态和工程措施的系统。该系统通过改变传统屋顶的材质和构造，将屋顶变成一种能够吸收、储存、过滤和排放雨水的"绿色"区域。这种技术能够减轻城市排水系统的压力，降低内涝风险，同时通过植物和土壤的过滤作用，净化雨水，减少水体污染。

绿色屋顶技术构造层包括以下几个方面，① 防渗漏层：位于屋顶最底层，主要材料为防水卷材或涂料，其功能是防止雨水渗透。② 隔根层：设在防渗漏层之上，主要材料为耐根穿刺的防水材料，用以阻止植物根系穿透，保护屋顶结构。③ 保湿层：位于隔根层之上，通常由轻质材料构成，如蛭石或珍珠岩等，具有良好的保温和保湿性能。④ 蓄排水层：设在保湿层之上，主要作用是储存和排放雨水，材料通常为塑料或陶瓷制品。⑤ 过滤层：设在蓄排水层之上，主要由无纺布或粗砂等材料组成，用以过滤大颗粒杂质，防止其进入排水层。⑥ 种植（土壤）层：位于最上层，提供植物生长的土壤。种植层厚度根据植物种类和生长需求而异。⑦ 植被层：由种植在土壤层的各类植物构成，是实现绿色屋顶生态功能的关键部分。

绿色屋顶能够有效收集、储存和排放雨水。在雨季，屋顶能够吸收、储存多余的雨水，减轻城市排水系统的压力。储存的雨水也可以在干旱时期使用。绿色屋顶能够吸收和反射太阳辐射，降低建筑表面温度，从而缓解城市热岛效应。此外，植物通过蒸腾作用也能降低空气温度。由于绿色屋顶能够反射太阳辐射，减少建筑内部的热量吸收，因此对于建筑的节能有积极作用。绿色屋顶提供了城市生物多样性的栖息地，有利于鸟类、昆虫等生物的生存。同时，通过吸收和过滤雨水，减少了水体污染的可能。绿色屋顶为城市景观增添了绿意，提高了城市的绿化率，改善了居住和工作环境的舒适度。

绿色屋顶的设计应综合考虑建筑的使用需求、荷载能力、防水要求以及当地的降雨、气候等条件。设计时还需考虑植物的选择和搭配以及灌溉和排水系统的设置。在建设绿色屋顶时，需确保建筑的承重能力足够，对防水层进行严格的质量控制。在铺设每一层时，都要确保层间的密实度以防渗漏。完成建设后应进行全面的质量检测和验收。绿色屋顶需要定期维护，包括清理落叶、修剪植物、检查和维护排水系统等。应根据实际情况制定维护计划并严格执行。

绿色屋顶适用于各种类型的建筑，特别是那些对建筑外观和功能有较高要求的建筑，如商业楼宇、办公大楼、学校、医院等公共设施以及高端住宅等。此外，新建建筑和既有建筑均可采用绿色屋顶技术。然而，目前绿色屋顶的建设也受到一些限制，如建筑荷载、防水要求、维护成本等都是需要考虑的因素。同时，绿色屋顶的建设还可能受到当地气候、降雨量以及植被种类等因素的影响。因此，在设计和建设绿色屋顶时需充分考虑这些因素。

三、生态河道技术

海绵城市生态河道技术是一种将生态理念与工程技术相结合的方法，旨在构建具有自然净化功能、生态平衡和可持续发展的城市水系统。通过模拟自然河流的生态系统，结合河道治理、水环境改善和生态修复等技术手段，实现城市河道的生态化建设和管理。该技术的应用在提高城市生态环境质量、减轻水患灾害、保障水资源可持续利用等方面具有重要意义。

海绵城市生态河道技术的核心原理是模仿自然河流的生态系统，通过构建生态护岸、恢复水生植被、营造生物栖息地等手段，实现河流生态系统的自我调节和自然净化。具体来说，该技术包括以下方面。

生态护岸：采用天然材料或生态混凝土等环保材料，构建河道的护岸结构，以减少河道整治对自然环境的破坏。同时，通过种植植被、设置生态袋等措施，增强护岸的抗冲刷能力和生态功能。

水生植被恢复：选择适宜的水生植物，如沉水植物、挺水植物等，在河道中种植，以增加水体的自净能力，改善水质。同时，植被还能够提供生物栖息地，促进生态平衡。

生态流量控制：合理配置水利设施，如闸门、堰坝等，根据河道的水位变化，适时调节河道流量，保证河道的水环境稳定。

生物栖息地营造：通过建设人工湿地、生态浮岛等措施，为水生生物提供栖息地，促进生物多样性的增加。同时，生物栖息地的营造还能够提高河道的自净能力和生态稳定性。

海绵城市生态河道技术采用天然材料和环保材料，减少了对自然环境的破坏和污染。同时，通过恢复水生植被和营造生物栖息地，增强了河道的生态功能和环境质量。生态河道具有较强的自我调节能力，能够抵御一定的水患灾害。同时，河道的生态系统能够实现自我平衡，减少人工干预和管理成本。海绵城市生态河道技术注重水资源的可持续利用，通过合理配置水利设施和生态流量控制，保证了河道水环境的稳定和可持续利用。该技术的应用能够改善城市景观，提升城市的形象和品质。

四、雨水花园技术

海绵城市雨水花园技术是一种将生态理念与工程技术相结合的方法，旨在通过模拟自然水循环过程，实现城市雨水的收集、净化、利用和排放。该技术通过在城市绿地、道路两侧等区域设置雨水花园，利用植物、土壤、微生物等自然元素，实现对雨水的吸收、渗透、过滤和排放，从而达到控制径流污染、补充地下水、减轻排水系统压力等目的。雨水花园不仅具有生态环保的功能，还能够为城市景观增添绿意，提高城市居民的生活品质。

海绵城市雨水花园技术的核心原理是利用自然水循环过程，实现雨水的自然净化与排放。该技术主要包括以下几个环节。

雨水收集：雨水花园通过地形设计、植被覆盖等方式，将雨水汇集到预定的低洼地带，为后续的净化处理提供水源。

雨水净化：利用土壤、植物根系和微生物等自然元素对雨水进行净化，通过吸附、过滤等作用去除污染物。

雨水储存：净化后的雨水被储存于地下蓄水层或人工设置的蓄水设施中，为后续的利用提供水源。

雨水排放：当蓄水设施的水位达到一定高度时，通过溢流口等设施将多余的雨水排放到市政排水系统或自然水体中。

雨水花园技术优势：雨水花园技术采用自然净化方式，减少了对化学药剂的依赖，减轻了对环境的负担。同时，该技术还有助于补充地下水，维持水资源的可持续利用。雨水花园作为一种新型的城市开放空间，能够为城市景观增添绿意和美感。多样化的植物配置和富有设计感的景观元素，使得雨水花园成为市民休闲、娱乐的好去处。雨水花园可减轻排水系统压力，有助于减少对能源的消耗和碳排放。在雨水充沛时期，雨水花园可吸收和储存大量雨水，降低雨季溢流污染的产生。雨水花园作为生态教育的载体，可向市民展示自然水循环过程和生态环保理念。通过实地参观和学习，提高市民的环保意识和参与度。

五、渗透铺装技术

海绵城市渗透铺装技术是一种利用透水材料进行铺装的路面形式，旨在提高城市地表的渗水性，降低径流污染，缓解城市排水压力，改善城市生态环境。不同于传统不透水的铺装材料，如混凝土和沥青，渗透铺装采用多孔或透水性较强的材料，如渗透性混凝土、渗透性沥青、砖石、草坪格栅等。这些材料能够让水分通过铺装层进入土壤，进而补给地下水或被收集利用。该技术通过将雨水引入地下，增加地下水补给，维持水资源的可持续利用，同时减少城市热岛效应，提升城市居住舒适度。

海绵城市渗透铺装技术的核心原理是利用透水材料的特殊性质，使雨水能够通过铺装路面下渗，而不是像传统不透水路面那样快速排走。通过透水铺装，雨水能够顺利进入地下土壤层，经过自然净化后补充地下水，或者通过连通的水系排入自然水体。

透水铺装能够吸收和过滤雨水中的污染物，降低径流污染，减轻对市政排水系统和自然水体的压力。通过渗透铺装，雨水得以补给地下水，能够维持水资源的可持续利用，这对于地下水位下降的城市尤为重要。透水铺装能够减少地表径流，增加地表的蒸散发，从而降低城市地表温度，缓解城市热岛效应。同时，还能增加绿地面积，改善城市环境质量，提高市民的居住舒适度。在雨水充沛时期，透水铺装能够吸收和储存大量雨水，降低雨季溢流污染的产生。此外，透水铺装可减少排入市政管道的雨水量，节约能耗和排水系统的维护成本。多样化的透水铺装设计为城市景观增添了绿意和美感，提升了城市的形象。透水铺装作为生态教育的载体，可以让市民更直观地了解和体验自然水循环过程，提高环保意识。

六、人工湿地技术

海绵城市人工湿地技术是一种利用人工模拟自然湿地生态系统的工程化技术，旨在通过人工构建湿地生态系统，实现对雨水的自然净化、储存和排放，同时改善城市生态环境。人工湿地结合了生态工程学、水文学和环境科学等多学科的知识，通过合理的设计和管理，达到提高城市"海绵"功能的目的。

人工湿地的工作原理主要基于生态系统的自然净化能力。通过模拟自然湿地的生态结构，人工湿地能够利用植物、微生物和基质等元素共同作用，实现对雨水的净化、储存和排放。雨水进入人工湿地后，经过植物的吸收、微生物的转化和基质的过滤等过程，得以净化并补充地下水。同时，人工湿地还能够调节径流峰值，减轻市政排水系统的压力。

人工湿地能够有效地去除雨水中的污染物，如悬浮物、氮磷营养物、重金属等。植物和微生物的吸收、转化作用以及基质的过滤作用共同实现了对雨水的净化。通过渗透作用，人工湿地可以将净化后的雨水补充到地下水层，增加了地下水的补给，这对于地下水位下降的城市尤为重要。人工湿地能够在雨季吸收和储存大量雨水，延缓其排入市政排水系统的时间，从而调节径流峰值，减轻市政排水系统的压力。人工湿地提供了丰富的生物栖息地，有助于增加生物多样性。同时，通过改善水环境，有助于改善城市生态环境和居住质量。人工湿地作为一种生态景观，能够为城市增添绿意和美感。其独特的自然风光和生态功能为市民提供了休闲、娱乐的场所。人工湿地作为生态教育的载体，可以让市民更直观地了解和体验自然水循环过程和生态系统的运作机制，提高环保意识。

七、生态堤岸技术

海绵城市生态堤岸技术是一种基于生态系统服务理论、水文循环原理和生态工程设计等综合方法，通过构建生态化、多功能、可持续的河流生态系统，实现城市水资源的合理利用和生态环境的保护。该技术采用多种手段，如植被覆盖、土壤渗透、生态修复等，增强城市对雨水的适应性和利用能力，促进水资源的自然循环和生态平衡。海绵城市生态堤岸技术注重与自然环境的融合，通过生态化的设计理念和技术手段，实现城市与自然和谐共生的目标。

海绵城市生态堤岸技术的原理主要包括以下几个方面。

模仿自然界的雨水循环系统：海绵城市生态堤岸技术通过构建水生态基础设施，实现雨水的吸水、蓄水、渗水、净水等功能，并在需要时将蓄存的水释放并加以利用。这一过程模仿了自然界的雨水循环系统，增强了城市对雨水的适应性和利用能力。

跨尺度构建水生态基础设施：海绵城市生态堤岸技术采用跨尺度的方式构建水生

态基础设施，包括河岸植被、土壤水文等要素，实现对雨水的多层次净化、储存和利用。

结合多种具体技术实现雨水处理：海绵城市生态堤岸技术结合了多种具体技术，如人工湿地、水生植物净化、雨水收集系统等，实现对雨水的全方位处理和利用。

促进生物降解，净化水质：通过人工培育的微生物、具有净化功能的水生植物和水生动物等，形成复合生态系统，利用生物降解功能净化水质，控制污染物的暴发，实现高效、低成本的良好净化效果。

建设生态排水系统：海绵城市生态堤岸技术注重建设生态排水系统，通过植被覆盖、土壤渗透等方式，减少地表径流，使雨水自然渗透、净化及滞蓄，保护河道生态系统，提升城市水域生态环境质量。

实现节能环保与水质净化的双重目的：通过循环系统建设，利用高效过滤和强化除磷等技术，控制氮、氧等化学物质的含量，增加水体自身的流动性，避免水体富营养化，实现节能环保与水质净化的双重目的。

生态堤岸技术的主要类型包括以下几种。

自然原型堤岸：利用天然河流岸线的缓坡形式，保留河道两岸的植被，仅通过恢复河岸的天然状态，达到滞洪和净化水质的效果。这种类型适用于坡度缓、防护要求较低的河段。

自然型护岸：利用斜坡防护结构，将天然河流岸线转化为缓坡形式，同时利用植被进行固定。这种类型保持了河岸线的自然状态，同时具有一定的抗冲刷能力。

复合型护岸：在河道两岸采用天然材料与人工材料相结合的方式，构建具有多重功能的护岸结构。例如，在混凝土框格内填充天然材料形成人工生态河岸，既具有一定的抗冲刷能力，又能保护土壤和植被。

硬质护岸：采用混凝土、浆砌石等人工材料，对河道两岸进行固化防护。这种类型适用于防护要求较高、水流冲刷强烈的河段。

生态堤岸技术通过恢复河道两岸的自然状态，提高了植被覆盖率，改善了水域生态环境，提升了城市居民的生活质量。生态堤岸具有良好的渗水性，能够有效地滞蓄雨水，减轻城市排水系统的压力。同时，通过生态堤岸的调节作用，能够促进城市水循环，改善城市热岛效应。生态堤岸技术通过合理的护岸结构设计，提高了河道的防洪能力，减少了洪水对城市的威胁。通过生态堤岸的滞蓄和渗透作用，将雨水转化为可利用的水资源，为城市的生产和生活提供了备用水源。生态堤岸技术注重保护河道生态系统，为水生生物提供了良好的生存环境，维护了生物多样性。与传统的硬质护岸相比，生态堤岸技术采用天然材料和简单的结构形式，工程成本较低，且后期维护费用少。生态堤岸注重与周围环境的协调，形成了自然优美的景观带，为城市增添了观赏价值。生态堤岸技术鼓励公众参与河道管理和保护，提高了市民的亲水意识和环保意识。

八、生态植草沟技术

生态植草沟技术是一种利用植被进行雨水管理和净化的技术，其原理主要包括雨水收集、传输、滞留和净化四个方面。通过植被的拦截和吸附作用，生态植草沟能够有效地去除雨水中的悬浮颗粒物、重金属离子等污染物，改善水质，同时减缓雨水流速，减轻发生洪涝灾害的风险。

生态植草沟技术的核心功能是通过植草沟的坡度设计，有效地引导雨水流入沟渠，实现雨水的集中收集；利用植被的拦截作用，减缓雨水的流速，避免对下游区域造成冲击；通过合理设置排水口，确保在超标降雨时能及时排出雨水，减轻城市排水系统的压力；植被能有效过滤雨水中的污染物，提高水质；植草沟的绿化效果可以提升城市环境质量，美化城市景观。

生态植草沟的类型主要包括标准传输植草沟、干植草沟和湿植草沟，具体内容有如下几个方面。

标准传输植草沟：这种类型的植草沟主要用于高速公路的排水系统或者在径流量小及人口密度较低的区域。它是一种开阔的种植浅层植物的沟渠，可以将集水区中的径流引导并传输到 LID 的其他绿色基础设施。

干植草沟：这种类型的植草沟是一种开阔的、用植被覆盖传输通道的渠道，构造上包括人工改造土壤所组成的过滤层，以及过滤层底部铺设的地下排水系统。其主要强化了雨水的传输、过滤、渗透和滞留能力，从而保证雨水在水力停留时间内从沟渠排干，较适用于居住区。

湿植草沟：这种类型的植草沟常年保持潮湿，为沟渠型的湿地处理系统，一般用于高速公路的排水系统，或者用于处理来自小型停车场或屋顶的雨水径流。

通过植被的过滤和吸附作用，生态植草沟能够有效地去除雨水中的污染物，提高水质；植草沟能够减缓雨水流速，延长雨水在沟内的滞留时间，减轻洪涝灾害的风险；为野生动植物提供栖息地，增加生物多样性；具有优美的外观，能够美化环境，提升城市品质；采用自然生态的方式进行雨水管理，不需要耗费大量的能源和资源，具有很好的可持续性。

第四节　海绵城市与城市更新的内在联系

随着城市化进程的加速，传统的城市排水系统面临着越来越大的压力。雨水排放不畅、内涝频发等问题严重影响了城市的正常运行和居民的生活质量。与此同时，城市更新也成了改善城市环境、提升城市品质的重要途径。在这样的背景下，海绵城市理念的提出为解决这些问题提供了新的思路。海绵城市与城市更新之间存在着密切的联系，两者相互促进、共同发展。

（1）目标一致：海绵城市与城市更新的共同目标是实现城市的可持续发展和提高居民的生活质量。海绵城市建设注重生态环境的保护和修复，通过加强雨水管理来改善城市的生态环境和居住条件；城市更新则通过对老旧、落后区域的改造和更新，提高城市的整体品质和环境质量。两者相互配合，共同推动城市的可持续发展。

（2）互补性：海绵城市建设需要与城市更新相互配合、相互促进。在城市更新的过程中，将海绵城市理念融入其中，可以更好地保护和利用自然资源，提高城市的生态价值和环境品质。同时，海绵城市建设中所采用的生态化、可持续化的技术手段也可以为城市更新提供新的思路和方法，促进城市的可持续发展。

海绵城市对城市更新的影响主要体现在以下几个方面。

改善城市生态环境：海绵城市的建设注重生态优先，通过生态化、可持续化的技术手段，加强雨水管理，改善城市的生态环境。在城市更新过程中，融入海绵城市理念，可以更好地保护和利用自然资源，提高城市的生态价值和环境品质，提升城市的宜居性和吸引力。

提高城市防涝能力：海绵城市建设注重雨水的排放和利用，通过构建水生态基础设施，提高城市的渗水、蓄水、净水能力，有效缓解城市内涝问题。在城市更新过程中，结合海绵城市建设的相关要求和标准，制定更为严格的规划和控制指标，可以提高城市的防涝能力，保障城市的正常运行和居民的安全。

推动城市经济发展：海绵城市的建设可以带来显著的经济效益，包括减少城市内涝造成的经济损失、降低水污染治理费用等。同时，海绵城市建设还可以促进相关产业的发展，如生态环保、绿色建筑等。这些产业的发展将为城市经济注入新的活力，推动城市的可持续发展。

促进社会参与和共建：海绵城市建设需要城市居民的支持和参与。在城市更新过程中，通过宣传、教育和引导，让居民了解海绵城市建设的意义和作用，提高居民的环保意识和参与度。居民的广泛参与将有助于推进海绵城市的建设进程，促进共建共享的社区氛围。

城市更新对海绵城市的影响主要体现在以下几个方面。

提供政策和资金支持：城市更新过程中，政府会制定相关的政策和提供资金支持，这些政策和资金支持可以为海绵城市建设提供重要的保障。例如，政府可以通过补贴、税收优惠等政策来鼓励企业和居民参与海绵城市建设，同时提供相应的资金支持，用于建设海绵设施和开展相关活动。

改善城市基础设施：城市更新过程中，会对老旧、落后、不适应发展的基础设施进行改造和更新。这些基础设施的改善将为海绵城市建设提供更好的条件和支持。例如，更新和完善排水系统、雨水管道等设施，可以提高城市的排水能力，减轻内涝灾害的风险。

提高居民参与度：城市更新过程中，会注重居民的参与和共建。通过宣传、教育和引导，让居民了解海绵城市建设的意义和作用，提高居民的环保意识和参与度。居民的广泛参与将有助于推进海绵城市的建设进程，促进共建共享的社区氛围。

促进技术创新和产业发展：城市更新过程中，会注重技术创新和产业发展。海绵城市建设需要相关技术的支持和产业的发展。通过城市更新，可以推动相关技术创新和产业发展，为海绵城市建设提供更好的技术支持和产业环境。

（3）共享资源：海绵城市与城市更新共同关注的是城市的生态环境和可持续发展。在实践中，两者可以相互借鉴、共同发展。例如，在老旧小区改造中，可以借鉴海绵城市理念，采用雨水花园、生态植草沟等技术手段来改善小区的生态环境和居住条件；在城市新区的建设中，可以结合海绵城市建设的相关要求和标准，制定更为严格的规划和控制指标，推动城市的可持续发展。

总的来说，海绵城市和城市更新之间存在着密切的内在联系。两者在目标、实施过程和效果上都有着相互影响和相互补充的关系。因此，我们应该把海绵城市和城市更新结合起来，以实现城市的可持续发展。

第五节　海绵城市建设在上合示范区基础设施中的实践

一、上合示范区海绵专项规划

（一）规划原则

1. 理念转变——生态为本、自然循环

改变传统思维和做法，实现雨水径流由"快速排除""末端集中"向"慢排缓释""源头分散"的转变，综合运用渗、滞、蓄、净、用、排等措施，贯彻"节水优先，空间均衡，系统治理，两手发力"的治水思路，充分发挥山、水、林、田、湖对降雨的积存作用，充分发挥自然下垫面对雨水的渗透作用，充分发挥湿地、水体等对水质的自然净化作用，努力实现城市水体的自然循环。

2. 系统实施——因地制宜、回归本底

根据上合示范区降雨、土壤、地形地貌等因素和经济社会发展条件，综合考虑水资源、水环境、水生态、水安全等方面的现状问题和建设需求，坚持问题导向与目标导向相结合，因地制宜地采取"渗、滞、蓄、净、用、排"等措施。

加强规划引领，因地制宜地确定海绵城市建设目标和具体指标，完善技术标准规范。综合考虑上合示范区的自然水文条件、土壤状况、原有排水系统基础、经济社会发展条件等因素，坚持因地制宜、因地施策。以规划确定的排水片区为单元全面推进上合示范区的海绵城市建设工作，重点结合城市道路、公园绿地、建筑小区和市政设施等建设项目统筹推进。同时，选择上合示范区本地的适用技术、设施和植物配种，降低建设维护成本。

3. 协同推进——规划引领、强化管控

海绵城市的建设系统性、综合性、创新性强，在规划编制中应注重海绵城市建设过程中各相关部门的统筹和协调。加强上合示范区规划、财政、建设、环保等部门的联动推进、紧密合作，带动社会力量和投资形成合力，共同推动规划区海绵城市建设工作，主动推广政府和社会资本合作（PPP）、特许经营等模式，吸引社会资本广泛参与海绵城市建设。

4. 注重管理——政策保障、过程管理

利用上合示范区的机制体制优势，抓住深化改革的机遇，构建规划建设管控制度、投融资机制、绩效考核与奖励机制、产业发展机制等，推动海绵城市工作的规范化、标准化、制度化，保障海绵城市建设工作的长效推进。同时，综合采用工程和非工程措施提高建设质量和管理水平，提高海绵工程质量，消除安全隐患，保障公众及建筑物安全。

5. 集中与分散相结合

近期重点进行重点区域集中的海绵建设，凸显规模效益，展示海绵城市建设成效；新建区域建设和已建片区改造同步进行，新建区域全面落实海绵城市建设要求，已建片区结合城市更新、道路新建改造、轨道交通建设等逐步推进。

6. 功能与景观相结合

推广绿色雨水基础设施，统筹发挥自然生态功能和人工干预功能，实施源头减排、过程控制、系统治理；在规划设计中要重视和兼顾景观效果，实现环境、经济和社会综合效益的最大化。

7. "绿色"与"灰色"相结合

通过源头减排、过程控制和末端处理等措施，优先利用绿色雨水基础设施，并重视地下管渠等灰色雨水基础设施的建设，"绿色"与"灰色"相结合，综合达到排水防涝、径流污染控制、雨水资源化利用等多重目标。

（二）海绵城市总体目标

1. 水生态

确定上合示范区年径流总量控制率由75%提升为78%，对应设计降雨量为29.9毫米。2022年，生态岸线比例由60%提升为85%以上；到2035年，生态岸线比例由80%提升至100%。

2. 水环境

确定区域内主要河流水质目标为 IV 类水体，污染物去除率在2022年由60%提升至65%以上，2035年将至75%以上。

3. 水安全

上合示范区范围内总体满足20年一遇防涝标准。

4. 水资源

上合示范区雨水资源化利用率在2022年由5%提升至8%以上，2035年将提升至10%以上。

（三）海绵城市设施建设指引

1. 居住用地

控制目标：新建小区年径流总量控制率达到75%以上，改造小区年径流总量控制达到60%以上。

建设指引：

（1）居住建筑屋面雨水应引入建筑周围绿地入渗。

（2）充分利用绿地的入渗、过滤和吸收功能，增加区域雨水入渗量，消减雨水径流的污染负荷，绿地应建设成下凹式绿地。

（3）居住区小型车路面、非机动车路面、人行道、停车场、广场、庭院应采用透水地面。

（4）居住区道路超渗雨水宜就近引入周边绿地入渗。

（5）结合居住区景观设计，可采用雨水花园、景观湖、绿色屋面等。

（6）结合居住区的雨水工程设计，可采用渗透雨水井、渗透雨水管等。

2. 公共管理及商业用地

控制目标：新建区年径流总量控制率达到75%，改建区年径流总量控制率达到65%。

建设指引：

（1）充分利用有限绿地入渗、过滤和吸收的功能，增大雨水入渗量，消减污染负荷，绿地应建设成下凹式绿地。

（2）人行道、步行街、广场应采用透水砖；停车场宜采用透水砖或草格。

（3）建筑宜建设屋顶绿化，增加商业区的绿化覆盖率，提高雨水的滞留量，消减雨水径流的污染负荷。

（4）结合公共管理及商业区的景观设计，可采用雨水花园等。

3. 工业用地

控制目标：年径流总量控制率达到65%。

建设指引：

（1）工业区应充分利用有限绿地入渗、过滤和吸收的功能，增大雨水入渗量，消减污染负荷，绿地应建设成下凹式绿地。

（2）人行道宜采用透水砖、多孔沥青等透水地面；小车停车场宜采用草格、透水砖。

（3）结合景观设计，可采用雨水花园等。

（4）工业建筑屋面的雨水可收集利用。

4. 城市道路类

（1）道路广场的人行道应采用透水铺装，非机动车道的透水铺装路面除了具有较好的透水、透气性之外，还应考虑其抗拉抗压的强度。

（2）在人行道绿化带、分车带以及红线外绿地内设置生态滞留设施，使路面径流先汇入各生态滞留设施，在进水口处设置截污消能设施，在生态滞留设施内设置雨水溢流设施，超量径流溢流入市政雨水收集系统。

（3）人行道绿化带宽度宜≥1.5米，当考虑设置低影响开发设施时，应适当增加中央绿化分隔带和侧分隔带的宽度。处理好绿化带与路面的竖向高程关系，结合道路绿化带设置的低影响开发设施应采取相应的侧向防渗措施，防止径流雨水下渗对侧向道路路面及路基造成影响。

（4）城市道路路缘石的设置应利于道路雨水流入低影响开发设施中，其路缘石豁口的设置应结合路面汇水面的情况，在豁口处设置截污消能设施。当道路纵向坡度不利于道路雨水径流进入低影响开发设施时，应设置有效的挡水设施，以便于雨水径流进入低影响开发设施。

（5）道路雨水管渠系统应与道路低影响开发设施中的溢流系统紧密结合，雨水口横向连接管的管径和坡度应利于雨水的收集和排除。

（6）城市径流雨水行泄通道以及易发生内涝的道路、下沉式立交桥区等区域的海绵城市与低影响开发雨水调蓄设施，应配建警示标志及必要的预警系统，避免对公共安全造成危害。

（7）城市道路海绵城市与低影响开发设施的雨水口宜设在汇水面的低洼处，顶面标高宜低于地面10～20毫米。

（8）城市道路海绵城市与低影响开发设施的雨水口负担的汇水面积不应超过其集水能力，且最大间距不宜超过40米。

5. 公园绿地、广场类

控制目标：公园绿地年径流总量控制率达到80%。

建设指引：

（1）城市绿地与广场应在满足自身功能条件下（如吸热、吸尘、降噪等生态功能，为居民提供游憩场地和美化城市等功能），达到相关规划提出的低影响开发控制目标与指标要求。

（2）城市绿地与广场宜利用透水铺装、生物滞留设施、植草沟等小型、分散式低影响开发设施消纳自身径流雨水。

（3）城市湿地公园、城市绿地中的景观水体等宜具有雨水调蓄功能，通过雨水湿地、湿塘等集中调蓄设施，消纳自身及周边区域的径流雨水，构建多功能调蓄水体或湿地公园，并通过调蓄设施的溢流排放系统与城市雨水管渠系统和超标雨水径流排放系统相衔接。

（4）规划承担城市排水防涝功能的城市绿地与广场，其总体布局、规模、竖向设计应与城市内涝防治系统相衔接。

（5）城市绿地与广场内湿塘、雨水湿地等雨水调蓄设施应采取水质控制措施，利用雨水湿地、生态堤岸等设施提高水体的自净能力，有条件的可设计人工土壤渗滤等辅助设施对水体进行循环净化。

（6）应限制地下空间的过度开发，为雨水回补地下水提供渗透路径。

（7）周边区域径流雨水进入城市绿地与广场内的低影响开发设施前，应利用沉淀池、前置塘等对进入绿地内的径流雨水进行预处理，防止径流雨水对绿地环境造成破坏。有降雪的城市还应采取措施对含融雪剂的融雪水进行弃流，弃流的融雪水宜经处理（如沉淀等）后排入市政污水管网。

（8）低影响开发设施内植物宜根据设施水分条件、径流雨水水质等进行选择，宜选择耐盐、耐淹、耐污等能力较强的乡土植物。

（9）城市公园设计应结合区域城市组团设计、场地土壤及水文特质、现状及规划地形地势、周边场地、市政及周边水系的受纳能力等进行科学合理的规划，保证绿地的生态安全及使用功能，优先选用低碳方式。设计应明确绿地与区域功能关系，明晰绿地内雨水流程，经过科学计算设置合理的布局、设施。

（10）下沉式广场应设有排水泵站及自控系统，广场达到最大积水深度时泵站可自行开启。应设置清淤冲洗装置和车辆检修通道。应设置警示标识，并应有安全疏散措施。

6. 城市水系类

（1）应充分利用现状自然水体建设湿塘、雨水湿地等具有雨水调蓄功能的低影响开发设施，其建设应符合城市水系规划等相关规范的要求。

（2）规划建设新的水体或扩大现有水体的水域面积，应与海绵城市与低影响开发雨水系统的控制目标相协调，增加的水域宜具有雨水调蓄功能。

（3）应处理好城市滨水绿地、水面和周围用地之间的竖向高程关系，便于雨水进入水体。

（4）应结合城市滨水绿地设置植被缓冲带等截污滞蓄设施，防止城市水系污染。

（5）当城市水体与周围用地之间坡度太大时，可在进水口处设置消能措施，可结合实际情况设置台阶式绿地等设施。

（6）有条件的城市水系，可结合现状条件，建设亲水性的生态驳岸，并根据要求，选择当地适宜的湿生和水生植物。

二、上合示范区海绵型道路建设

(一) 项目概况

浏阳河路东延位于上合示范区，是一条东西向城市次干路，道路现状以荒地、池塘为主，工程实施范围西起上合大道，东至生态大道，全线长约1 052米。道路标准横断面采用双幅路布置形式：1.5米（绿化带）+2米（人行道）+2米（非机动车道）+1.5米（行道树绿带）+7.25米（车行道）+3米（中间分隔带）+7.25米（车行道）+1.5米（行道树绿带）+2米（非机动车道）+2米（人行道）=30米（道路红线），本工程建设完成后，满足周边地块的出行及基本市政设施配套的需求，为周边地块的开发提供契机。

(二) 海绵措施

1. 下凹式绿地

在绿化带实施时设计下凹式绿地进行雨水收集。较普通绿化而言，下凹式绿地利用下凹空间充分蓄积雨水，增加了雨水入渗时间，具有渗蓄雨水、削减洪峰流量、减轻地表径流污染等优点。下凹式绿地汇集周围道路、建筑物等区域产生的雨水，雨水径流先流入绿地。

2. 透水铺装

本工程人行道采用透水性铺装材料，从源头将雨水留下来然后"渗"下去，从而避免地表径流，减少下游市政管网压力，同时涵养地下水，补充地下水的不足。通过土壤净化水质，改善城市微气候，规划路透水铺装面积不小于硬质地面面积的20%。

3. 具体海绵路线

海绵城市设计方案如图9-1所示。

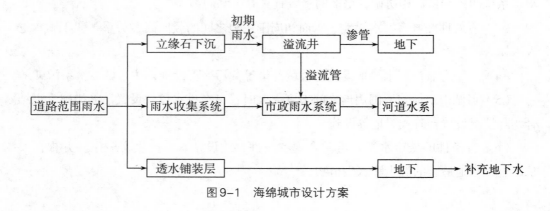

图9-1 海绵城市设计方案

4.海绵调蓄水量、径流控制量的计算

浏阳河路东延：本工程道路下垫面分布包括15 225平方米沥青路面、8 400平方米透水铺装、24 675平方米绿化；根据容积法对该条道路所需调蓄水量进行计算。

$$V = 10H\varphi F$$

式中，V：设计调蓄容积（立方米）；

　　　H：设计降雨量（毫米）；

　　　φ：综合雨量径流系数；

　　　F：汇水面积（平方千米）。

浏阳河路东延综合雨量径流系数：

（15 225×0.9+8 400×0.08+24 675×0.15）/48 300＝0.35

经计算，浏阳河路东延所需调蓄容积为221.5立方米。

各海绵设施径流控制量计算方法如下：

Vx＝A×（临时蓄水深度×1+种植介质土厚度×0.2+砾石层厚度×0.3）×容积折减系数

根据景观工程设计，海绵设施径流控制量如表9-1所示。

表9-1　海绵设施径流控制量表

海绵设施	面积（平方米）	折算蓄水深度（米）	径流控制量（立方米）
通槽绿篱	420	0.15	63
总数			63

经计算，各海绵设施实际可滞留雨水63立方米，通过容积法（$V=10H\varphi F$）反算，算出H＝3.73毫米。查询《胶州市降雨量对应控制率表》得出，年径流总量控制率可达31.85%，小于55%，不能够实现年径流总量控制率的要求，需结合片区新建小区进行海绵调控，以满足海绵城市建设所要求的年径流总量控制率指标。

三、上合示范区海绵型广场建设

（一）项目概况

上合广场项目南至钱塘江路，北至长江一路，西临幸福街，东至为民街，用地面积约190亩，由地面景观、地下空间、地下环路、综合管廊及市政配套五大子项组成。上合广场地面景观面积约12.96万平方米；地下空间总建筑面积约29.5万平方米；地下环路主线及联络道长度约 1.2 千米，匝道长度约 0.6 千米；地下综合管廊长度约 1.1 千米，地下空间车位约 5 400 个。

（二）雨水利用调蓄池

调蓄池在雨季收集正常下雨时的雨水，旱季收集周边污水，经过储存处理为再生水，作为道路、广场及绿化浇洒使用，既考虑了雨水的重复利用，又考虑了再生水的回用，能够缓解城市内涝，提升减灾能力。

为实现雨水回用，在为民街与长江一路交口西南侧，上合广场地下一层内建设一座雨水利用水池，雨水调蓄池采用钢筋混凝土形式，长 29.85 米，宽 14.15 米，水位高 4 米，调蓄容积为 1 689.51 立方米，现浇钢筋混凝土箱体结构，并配套雨水处理模块，主要用途为收集雨水，经过净化处理后用于上合广场园路、绿化浇洒及洗车用水。

为实现雨水回用，在为民街与长江一路交口西南侧，上合广场地下一层内建设一座雨水利用水池，规模为 1 600 立方米，主要用途为收集雨水，经过净化处理后用于上合广场园路、绿化浇洒及洗车用水。

1. 用水量

（1）绿化面积共 62 601 平方米，取浇洒定额为 2 升/平方米/天，则水量为 125.20 立方米/天。

（2）道路广场面积共 71 547 平方米，取浇洒定额为 2.5 升/平方米/天，则水量为 178.87 立方米/天。

（3）洗车：本项目停车位共 4 500 个，取停车率 60%，洗车周期为 1 月/次，洗车定额为 1 L/（辆次），则用水量为 3.60 立方米/天。

综上，总用水量为 307.67 立方米/天。

2. 雨水调蓄池容积

取三个调蓄池储存雨水天数 7 天，则调蓄池总容积为 2 153.69 立方米，则雨水调蓄池容积为 1 643.12 立方米，取 1 600 立方米。

（三）海绵措施

结合本项目情况以及根据上合示范区海绵规划，本次设计考虑在上合广场绿化内设置下凹式绿地海绵措施，并设置溢流口将溢流雨水排至市政雨水管道；在地下一层设置雨水利用调蓄池，进行蓄水调节。

1. 技术参数

不同下垫面径流系数如表9-2所示。

表9-2 不同下垫面径流系数表

下垫面种类	雨量径流系数 φ	流量径流系数 ψ
混凝土或沥青路面及广场	0.80 ~ 0.90	0.85 ~ 0.95
大块石铺砌路面及广场	0.50 ~ 0.60	0.55 ~ 0.65
沥青表面处理的碎石路面及广场	0.45 ~ 0.55	0.55 ~ 0.65
级配碎石路面及广场	0.40	0.40 ~ 0.50
干砌砖石或碎石路面及广场	0.40	0.35 ~ 0.40
非铺砌的土路面	0.30	0.25 ~ 0.35
绿地	0.15	0.10 ~ 0.20
水面	1.00	1.00
地下室覆土绿地（≥500毫米）	0.15	0.25
地下室覆土绿地（＜500毫米）	0.30 ~ 0.40	0.40
透水铺装路面	0.08 ~ 0.45	0.08 ~ 0.45

综合雨量径流系数 ψ 采用加权平均法计算，广场、屋面及部分混凝土路面等径流系数取0.9，人行道、园路（透水部分）径流系数取0.3，两侧绿地和侧分带径流系数取0.15。

2. 海绵计算

本工程地上道路下垫面分布包括南区：绿化25 301平方米，铺装26 223平方米，建构筑物及下沉广场8 336平方米。北区：绿化40 716平方米，铺装23 294平方米，建构筑物及停车库6 906平方米。其中，北区雨水花园为268平方米，南区下凹式绿地为527平方米。

上合广场综合雨量径流系数：

$\varphi = [（26\ 223+23\ 294）\times 0.2+（25\ 301+40\ 716）\times 0.15+（8\ 336+6\ 906）\times 0.9] /（26\ 223+23\ 294+25\ 301+40\ 716+8\ 336+6\ 906）=0.26$

根据容积法计算本项目若达到75%年径流总量控制率目标，所需调蓄水量为

$$V=10H\varphi F$$

式中，V——设计调蓄容积（立方米）；

H—设计降雨量（毫米），根据青岛市年径流总量控制率与对应设计降雨量表，75%对应27.4毫米；

φ—综合雨量径流系数；

F—汇水面积（平方千米）。

经计算，广场范围内海绵城市设施渗透调蓄雨水总容积需达到960立方米，所需调蓄量长江一路为83.78立方米，幸福街为101立方米，长江路为297.11立方米，钱塘江路为54.1立方米，为民街为101立方米，所需总调蓄量为1 572立方米。

雨水花园及下凹式绿地调蓄深度为0.2米，调蓄量为（268+527）×0.2=159立方米

本工程中雨水调蓄池调蓄容积为1 689立方米，故总调蓄容积为1 689+159=1 848立方米>1 572立方米。满足需求。

海绵城市的建设需将海绵城市建设理念贯彻至各层次规划与各类型项目建设中，规模化推广应用海绵城市建设技术。建议后期周边地块进行海绵建设时，综合考虑，以最终实现后期本片区海绵城市建设目标。

四、上合示范区海绵型公园绿地建设

结合城市绿化管养和建设计划，开展海绵型公园绿地建设。公园绿地类项目建设宜采用透水铺装的步行系统、停车场，绿地内因地制宜建设人工湿地、雨水花园、下凹式绿地、植草沟等。通过优化竖向设计，为滞蓄周边区域雨水提供空间。

（一）项目概况

上合创新大道公园位于上合示范区创新大道东侧30米宽路侧绿带区域，南起长江一路，北至长江二路，全长220米，绿化总面积约6 600平方米，东侧为青年创业中心。

（二）海绵措施

海绵城市设计方案如图9-2所示。

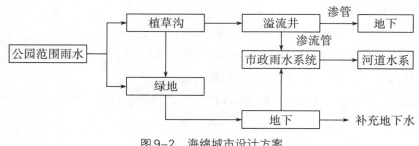

图9-2　海绵城市设计方案

本段创新大道道路下垫面分布包括3 780平方米沥青路面、840平方米透水铺装、7 840平方米绿化。

根据容积法对该条道路所需调蓄水量进行计算：

$$V = 10H\varphi F$$

式中，V：设计调蓄容积（立方米）；

　　　H：设计降雨量（毫米）；

　　　φ：综合雨量径流系数；

　　　F：汇水面积（平方千米）。

综合雨量径流系数：

（3 780×0.9+840×0.08+7 840×0.15）/12 460=0.37

经计算，所需调蓄容积为60.39立方米。

各海绵设施径流控制量计算方法如下：

$Vx = A ×$（临时蓄水深度×1+种植介质土厚度×0.2+砾石层厚度×0.3）×容积折减系数

本次采用的海绵设施为植草沟+局部下沉绿地，海绵设施径流控制量如表9-3所示。

表9-3　海绵设施径流控制量表

海绵设施	面积（平方米）	折算蓄水深度（米）	径流控制量（立方米）
植草沟	32.5	0.15	4.875
局部下沉绿地	60	0.3	18
总数			22.875

本工程各设计海绵设施实际可滞留雨水22.875立方米，通过容积法（$V=10H\varphi F$）反算，算出H=4.96毫米，查询《胶州市降雨量对应控制率表》得出年径流总量控制率可达35.42%，小于55%，不能够实现年径流总量控制率的要求，建设方需结合片区新建小区进行片区海绵调控，以满足海绵城市建设所要求的年径流总量控制率指标。

第十章

‹‹‹ 地下空间开发　打造绿色立体门户

在我国城市化建设逐渐提速的大背景下，常规的地上建筑已逐渐饱和，带来了城市道路拥堵、环境污染、光污染等一系列"城市病"问题，这些问题在城市中心地区尤为显著。在此情况下，开展城市更新工作，有效利用地下空间，是解决困难的有效途径。实现与地上建筑、设施的有效联系，是地下空间开发利用的重点问题，也是难点所在。本章节以上合广场地下空间综合开发利用及配套基础设施建设项目（简称本项目）为例，介绍城市中心地区的地下空间利用方案。

第一节　项目概况

一、功能定位

本项目功能定位为上合示范区形象品质提升的关键引擎，核心区国际交流对外展示的绿色窗口，通过构建立体互动的开放空间，提升核心区开发能级，融合现有上合文化、体验性商业、智慧生态等元素，建设成为具有国际示范效应的绿色立体门户。

（1）体现上合文化景观品质门户，打造国际级城市会客厅，体现上合之道的文化高地，重塑城市形象新名片。

（2）高效沟通的立体城市广场，打造生机盎然的城市活力中心、便民服务业态的关键生态位、市民休闲体验的第一目的地。

（3）彰显智慧创新的活力中心，绿色智慧服务，融合科技生态，演绎未来感的市民休闲目的地。

（4）核心区中央的生态绿核，融合便民服务，构建蓝绿交织的生态文明广场典范。

上合广场地理位置紧邻示范区管委，是示范区核心区对外形象展示的重要节点，是建设树立上合品质的标杆工程，也是形成核心区地下车行系统及地下人行系统的关键纽带。

二、总体布局

《中国-上海合作组织地方经贸合作示范区核心区地下空间控制性详细规划》的规划范围是由长江路、和谐大道、淮河路、和谐大道、交大大道、湘江路、生态大道所围合的上合示范区10平方千米核心区域。地下空间开发规模为550万平方米，功能有公共服务、步行系统、车型系统、停车空间、设备空间等。其具体规划理念有如下几方面内容。

（一）理念引领，规划先行，集聚智慧谋划上合方案

从国家级胶州经济技术开发区，到欧亚经贸合作产业园区，再到中国-上海合作组织地方经贸合作示范区，上合示范区深入贯彻市委、市政府对示范区高品质、高标准开展规划、设计、建设和管理的要求，为实现构建"全面服务'一带一路'沿线及上合组织国家地方经贸合作、引领青岛特大城市及环胶州湾经济增长和高质量发展的国际化新兴都市区"的发展目标，上合示范区管委会秉承"先规划、后建设"的发展策略，面向最高水平设计单位征集规划理念与设计方案，先后组织开展总体规划、城市设计、地下空间设计等规划编制工作。同时，召集最高水平的院士、专家组成智库，为示范区发展建言献策、集聚智慧、凝聚共识。

（二）系统耦合，中心聚合，规划协同打造立体空间

上合示范区地下空间，集地下商业、城市轨道交通、城市智慧管理中心、能源中心、地下物流配送中心、地下环路、地下车库等复合系统功能于一体，各类设施有机衔接，地下空间利用的重心与地上城市核心相耦合，作为示范区核心中枢系统为区域提供综合服务功能。上合示范区强调规划对空间资源的管控与引领，10平方千米核心区通过协同地面总体规划、城市设计等相关规划明确的功能分区及目标定位，提炼上合元素、融合上合特质，将区域公共设施整合，使资源集约利用，实现上合示范区在不同发展阶段的发展需求。在示范区核心位置、重要形象节点、高品质绿地及高开发强度区域，形成地下中心聚合的立体城市空间。

（三）多元复合，科技融合，面向未来保障城市发展

上合示范区以编织地面城市空间和街道网络的方式，编织地下城市，通过互联互通、全天候充满活力的城市空间，将公共交通、服务配套、市政设施等多元复合的城市功能进行串联。规划适应新理念和新技术发展趋势，适应智能升级、融合创新的新基建发展要求，适应示范区未来城市高质量发展需求，利用智慧物流、智慧市政、智能停车等现代化、智慧化、数字化城市管理系统，搭建科技融合体系，建立面向未来、可拓展、可转换的地下空间。

（四）坚持多元化分项系统支撑，确保"一张蓝图绘到底"

作为城市最重要的子系统之一，上合示范区地下空间应集立体交通、公共服务、绿色市政、智慧管理等综合功能于一体，通过合理分析各类功能设施规模，并充分考虑地下功能的未来发展与弹性转换，形成功能多元复合、发展具备韧性的地下空间体系。

（1）公交辐射，轨道覆盖的综合枢纽系统。

衔接上位综合交通规划，示范区未来将形成集"三线、一轨、十一站"多种样式的总体交通大格局。结合城市发展定位，以青日铁路为支撑布局枢纽站点，建立与高速铁路、机场等大型对外枢纽的便捷联系。结合高速铁路站点、地铁站及公交首末站打造功能复合的枢纽体系，通过地下空间开发串联客流集散点，支撑上合示范区多方式换乘衔接系统。

（2）空间成网，多元复合的地下步行系统。

基于地铁站点线位优化方案，依托地铁站点，统筹考虑地面用地性质及开发强度，建立片区步行流量分布模型，合理确定人流相对集中的路径。结合地铁站点周边地块开发，优先连通公共性强、开发强度高的地块及重要开放空间节点，构建互联互通的地下步行系统网络。适当结合城市设计二层空中步道系统，打造地上、地面和地下三个层次的公共活动空间，形成"轨道+步行"的立体化绿色交通出行体系。

（3）过境分离，立体组织的地下车行系统。

为适应示范区未来发展的交通需求，提高机动车出行效率、减轻地面交通压力、改善地面环境品质并实现以公共和慢行为主的交通出行目标，应综合研究区域大交通格局，注重解决现状客货混行问题，将货运交通外绕，将过境交通立体分离，加强与高速的衔接，增强重要节点转换能力；建立"地下快速路—地下环路—停车库"的三级地下车行组织系统，将过境交通立体分离，将核心区大部分小汽车转移到地下，释放更多的地面空间给公共慢行交通和自然环境。

（4）活力共享，TOD复合商业开发模式。

基于地面商业布局，依托地铁站点周边核心腹地集中布置地下公共服务设施，为地面商务办公人群提供配套服务的同时分担地面商业设施规模，通过地下步行网络与地铁站点紧密衔接，业态融合商业零售、餐饮、创意文化及体验等丰富功能，打造全天候、风雨无阻的公共活动空间。鼓励站点200～300米核心范围内的地块商业集中布局，形成地上、地下一体化的商业综合体；站点500米步行适宜距离范围内鼓励以地下街的形式沿步行通道两侧布局公共服务设施；站点800米范围内可适当拓展公共服务设施布局，地下与地面竖向便捷转换衔接。

（5）空间集约，绿色低碳的市政设施。

作为保证城市正常运转的生命线系统，市政管线、场站等基础设施承担了城市安全保障功能。结合形成综合管廊系统，将示范区市政管线在地下空间集约利用、优化布局；此外，城市能源站、智慧城市管理中心、污水处理设施地下化布局，在低碳化、集约化资源利用方面将起到较好作用。借鉴先进地区"无废城市"理念，结合真空垃圾管道输运系统，推广绿色生活方式，构建生活垃圾源头减量、资源化利用及分类收运处置体系。

（6）结合设施，面向未来的地下物流系统。

根据上合示范区功能定位及规划配置，对区域货物及物流类型进行分析，针对核心区引入结合地下环路系统共建的地下物流体系规划理念，核心区外围生产型货运物流建议进行系统专项规划研究。采用分拨中心—配送中心组成的两级节点配送体系，利用核心区地下环路，采用小型货车地下配送结合地面补充的方式构建地下物流系统。地下物流系统在实现"客货分离"，改善示范区交通矛盾，减少穿城货运、释放示范区地面土地资源方面具有重要意义。

（五）坚持强制性管控精准实施，确保"一张蓝图干到底"

上合示范区已有部分基础设施和地块项目处于规划、待建或在建阶段，技术难度和复杂程度较高，由于地下空间开发具有不可逆性、容错性较差，因此以地下空间规划为抓手，重点加强规划统筹和设计协调工作，确保城市规划建设可实施、可管控。

（1）技术导控，明确指标，精准指导规划建设。

上合示范区地下空间各项工程的规划和建设相互交错，衔接关系密切，规划方案不仅要具有合理性，更要具有可操作性，需要将规划方案转化为技术导控文件，直接指导规划实施。为确保上合示范区地下空间各系统的完整性，协调各地下工程之间的关系，要强化图则管控与引导，对地块地下空间开发深度、功能、接口等要素做控制性规定，对地下空间开发强度、地下步行通道和广场的建设等做指引性规定，促进地下空间精准实施。

地下空间的主要控制引导要素可包括主导功能及开发规模、地下建筑退界、地下空间竖向标高、步行公共通道位置及尺度、车行通道位置及尺度等。应明确限定公共服务设施开发规模上限，保证公共服务设施整体规模的合理性。对公共步行通道的控制引导采用弹性控制和刚性控制相结合的方式，为后续地块的实际建筑方案预留条件，通道位置、与地块接口、宽度最小值不可变，下沉广场位置、长度可根据实际方案进行调整。对车行通道的控制引导可采用刚性控制。

（2）创新政策，契合模式，全力促进规划实施。

地下空间开发需要协调"政府、建设方、运营方"等多方主体，需要综合考虑"规划审批、拿地主体、建设周期、环境品质"等多方面因素，且上合示范区核心区地下空间面积总投资规模较大，难以完全依赖政府财政投入。在开发模式方面建议"统一规划、统一设计"，采用"政府主导、企业参与、投资灵活、利益分享"的模式，保证地下空间高品质建设。

上合示范区在城市土地管理改革创新方面需要探索出适合自身发展特点的管理模式。规划建议紧密结合近期地上地下工程实施，明确清晰的权属关系，提出切实可行的土地综合出让条件，设置远期开发白地，预留未来地上、地下发展弹性。此外，还需制定切实可行的地下空间出让细则、管理办法，紧密结合地铁站点的建设，提出切实可行的出让方案，力求资金平衡的同时促进城市规划建设顺利实施。

为匹配示范区的战略定位，迎接示范区重要发展机遇，贯彻落实"向地下要空间、向空中要效益"的建设理念，上合管委提出率先启动核心区的开发建设，构建地上地下协调发展的立体城市空间。地下空间是重要的资源，随着经济社会发展，土地资源日趋紧张，合理、有序地开发利用地下空间，可以有效缓解城市土地资源紧缺矛盾，提高土地利用效率，节约土地和空间资源，补充完善城市功能，提升土地资源价值，实现可持续发展。

上合广场地理位置紧邻示范区管委，是示范区核心区对外形象展示的重要节点，也是建设树立上合品质的标杆工程。上合广场及其地下空间作为示范区核心区的门户形象展示，承载着公共服务及市政配套的重要功能，其建设是上合示范区服务范围的拓展及服务功能的提升。

上合广场的功能定位为服务周边腹地的综合公共空间，融合市政、公服、公共活动、门户空间、展览展示等功能。目前，上合广场地块现状为空地，影响上合核心区对外形象展示，同时公共服务及市政设施配套不完善，项目地块周边国际文化中心（城市客厅）、上合国家青年创业中心、上合商务中心等重点项目已开工建设，未来建成后将会产生对于公共服务、停车等的需求，因此，亟须开展上合广场及地下空间的建设工作。上合示范区管委会于2021年4月16日组织开展了上合广场地下空间开发层数论证专家评审，评审结论推荐地下三层方案。

因此，上合广场地下空间综合开发利用及配套基础设施建设项目功能定位是集通勤廊道、配套商业、公共服务、共享停车、智慧管理、城市物流等多重功能于一体的地下综合体，方案确定为地下三层。

第二节　设计范围、规模和主要内容

一、规模体量及工期计划

上合广场项目南至钱塘江路，北至长江一路，西临幸福街，东至为民街，用地面积约 190 亩*，由地面景观、地下空间、地下环路、综合管廊及市政配套五大子项组成。上合广场地面景观面积约 12.96 万平方米；地下空间总建筑面积约 29.5 万平方米；地下环路主线及联络道长度约 1.2 千米，匝道长度约 0.6 千米；地下综合管廊长度约 1.1 千米，地下空间车位约 5 400 个，项目总投资约 46 亿元。

项目工期 4 年，计划 2025 年 12 月底完工。

二、设计理念

本项目景观方案以"包容、开放、创新、和谐"为设计原则，体现上合组织国家"和合共生"为目标。

广场地下空间方案通过地下商业的建设，联动轨道交通站点及周边城市，打造高效沟通的立体城市广场、生机盎然的城市活力中心；通过地下环路及停车库的建设，缓解地面交通压力，打造绿色低碳的交通系统。

三、地下空间整体架构

地下空间设计概述：长江路北段开发地下三层，长江路以南段开发地下二层。

总建筑面积约 29.5 万平方米，设置 5 400 个地下停车位。

四、功能布局

地面景观部分：本项目通过对上合组织国家的建筑、文化、服装、饮食、艺术等元素提炼，结合代表合作共赢的"中国之结"，打造了 12 处主题花园和两处下沉广场。北侧下沉广场与上合之心标志性节点结合，打造国内首屈一指的景观节点，吸引市民及各方游客观赏；南侧下沉广场与地面标志性环桥节点结合，下沉广场及标志性环桥均以"中国之结"为形态，寓意和合共生。下沉广场面积约 1 万平方米，内部设

　　＊亩为非法定单位，1 亩 ≈ 667 平方米。

置观演平台及带有水景的中央演艺广场，与上部的标志性环桥形成丰富多彩体验感的空间场所。

为满足上合组织国家节庆活动、市民体育活动及大型演艺活动，广场设置一处宽100米、长170米草坪；局部节点设置咖啡馆、图书馆等小型地标性文化建筑，形成网红打卡点；在广场预留多处雕塑节点，展现上合文化及艺术创意；围绕主题花园及广场，打造24小时全天候的健身步道。空间布局整体融入地标、文化、艺术、科技、商业、演艺、运动、休闲等八大功能，创建国际级生态文明的风向标，打造为世界级的人气引爆点、通城达水的景观高地、动能转换的全时活力之园。

地下空间部分：本项目地下空间建筑面积29.5万平方米，分三层开发。地下一层以公共开发及市政配套为主，公共商业开发面积约2.8万平方米，市政综合配套设施面积约2.4万平方米；地下一层北侧、地下二层及地下三层以停车配建为主，总停车面积约24.3万平方米，共提供停车位约5 400个。

上合广场地下环路工程（为民街以西段）位于如意湖北侧幸福街、长江一路（为民街至幸福街段）、钱塘江路（为民街至幸福街段）及为民街的道路下方，环路的建设可以保障出行品质、缓解地面交通压力、提升出行效率、车库资源共享，环路主线长约1.2千米。地下综合管廊位于环路上方，管廊内敷设给水、电力及通信等管线。

五、整体规模及单体

（一）地下一、二、三层

地下一层主要功能为汽车库、商业、环路控制中心、管廊控制中心、交大大道控制中心、设备用房、下沉广场等，层高7米，长江路道路底下局部层高为6米。

地下二层主要功能为汽车库，层高4.5米。

地下车库利用地下环路进出车库，本项目地下环路共设四处出入口进入地下车库，出入口均为双车道布置，宽度≥6.5米。

地下三层为局部，层高为4.0米。

（二）地下环路工程

根据上合示范区核心区地下空间规划，核心区将规划建设"一隧两环"地下道路系统，构建区域一体化的地下空间体系。

本项目研究范围为如意湖以北地下环路，地下环路总体布局分别沿上合广场西侧幸福街、南侧钱塘江路、东侧金泽街、北侧长江一路形成环形布置系统，环路全长约2 549.16米。根据周边地块及地下环路交通进出需要，沿线共设置了4对匝道、5处联络道，实现地下环路与地面道路、地下停车场的互联互通。根据交通需求，地下环路横断面推荐采用"一车道连续+两侧集散"的横断面布置方案。

前期经与上合示范区管委、建设单位的多次对接，结合上合广场工程范围及施工工序需要，确定本次地下环路设计实施范围为幸福街、钱塘江路和长江一路沿为民街以西红线围合成的区域，环路全长约 1 065.98 米，同步将长江路进出环路的一对匝道、长江一路接双创中心的联络通道（长约 107.5 米）纳入本次实施范围。为民街西侧红线以东、钱塘江路（幸福街以西）不在本次实施范围。本次地下环路位于广场地下负二层，与上合广场地下负二层基本平行衔接，并与地下停车场联通。

地下环路实施内容主要包括道路交通、建筑、结构、暖通、消防及给排水、供配电、监控系统、照明亮化等相关内容。

（三）综合管廊工程

综合管廊范围包含长江一路、幸福街、钱塘江路等3段，总长约1.53千米。

综合管廊位于地下环路上部、地下空间一侧。

本项目综合管廊功能定位为本片区支线型管廊，服务管廊沿线两侧地块。管廊沿长江一路南侧、幸福街东侧、钱塘江路北侧，围绕上合广场呈"C"形布置，管廊总长约1.07千米。入廊管线包括给水、再生水、电力（10千伏）、通信、热力。管廊横断面采用双舱（电信舱、管道舱）布置，其中电信舱敷设10千伏电力和通信管道，净尺寸2.6米×2.4米（高）；管道舱敷设给水、热力和再生水管道，净尺寸3.2米×2.4米（高）。管廊功能节点包括进风口、排风口、吊装口、分支口、人员出入口等。管廊控制中心与上合广场智慧中心结合布置。本项目综合管廊与共线的地下环路共构合建，管廊位于环路顶板上方。管廊共分为两舱，分别为电信舱何管道舱，其中电信舱内敷设10千伏电力和通信管道，管道舱内敷设给水、热力和再生水管道。

（四）基坑支护工程

本项目主体基坑长约560米，宽约290米，面积约162 400平方米，基坑深度约13.5米，局部深约18.5米。地下环路匝道基坑长约380米，宽约13米，深度0～14米。场区原地貌为滨海浅滩，后经人工回填改造而成。地下潜水水位埋深0.20～4.50米，地铁12号线区间下穿本基坑，周边地块开发密集，环境复杂。

基坑支护设计内容包括支护桩、锚索、内支撑、止水帷幕、冠梁、围檩、降水及监控量测等内容。

（五）市政配套工程

1.市政道路拆除与恢复

本项目用地北侧为长江一路，南侧为钱塘江路，中间为长江路，用地西侧为幸福街，东侧为为民街。其中，长江路及长江路以北的长江一路、幸福街（长江路—长江一路）、为民街（长江路—长江一路）为现状路；长江路以南的钱塘江路、幸福街（长江路—长江一路）、为民街（长江路—长江一路）无道路，现状为荒地。本项目市政道路方案主要为开挖长江一路、钱塘江路、长江路、幸福街等市政路段，修建地下环路及地下管廊，待地下环路及地下管廊敷设完成后，新建地面市政道路。

本项目建设范围包括长江一路（创新大道以东约40米至为民街）、长江路（博爱街以东约165米至为民街）、钱塘江路（幸福街至为民街）、幸福街（长江一路至钱塘江路）。为民街由于基坑开挖放坡导致约半幅路面破坏，因此为民街（长江路—长江一路段）需对西半幅道路进行恢复，并铣刨东半幅车行道路面，统一加铺沥青。其中，长江路为城市主干路，钱塘江路为城市次干路，幸福街、长江一路及为民街为城市支路。

2. 调流路

长江一路以北，上合服务中心南侧，建设调流路。对广场现状道路存在的坑槽、网裂等问题，本次同步进行维修。在项目周边重要节点设置调流方向标志。

3. 市政管线工程

（1）电力：长江路（规划一路至为民街）段电力管道永久废除。线缆通过钱塘江路、规划一路、创新大道、淮河路、为民街现状及设计电力排管敷设，总长约3 700米。

（2）通信：长江路（规划路一至为民街）段通信管道临时废除，通过长江路南侧绿化带绕行，为民街（长江一路至长江路）段通信管道永久废除，东侧新建通信排管。总长约1 000米。

（3）给水：幸福街部分管道及长江路与创新大道交叉口处管道临时废除，广场施工完成后，对给水管道进行原样恢复。

（4）燃气：长江路（规划路一至为民街）段、幸福街（长江路至长江一路）段、淮河路北侧燃气管道永久废除。通过淮河路、创新大道、长江一路、博爱街，最终连接长江路现状燃气管道，总长约2 500米。

（5）雨水：沿道路布置雨水管道，经核算，雨水管道容量为DN500~DN1500，总长约5 500米。

（6）污水：沿道路布置污水管道，经核算，污水管道容量为DN400，总长约3 000米。

4. 照明工程

本次道路路灯均采用双侧对称方式布置，路灯安装间距均为35米。

长江路采用双挑LED灯。车行道侧路灯功率为320瓦LED，灯具安装高度为14

米，悬臂长 1.5 米；人行道侧无步行街、无匝道段路灯功率为 90 瓦 LED，悬臂长 1 米，其余段为 150 瓦 LED，悬臂长 1.5 米，人行道侧灯具安装高度均为 12 米。

钱塘江路采用双挑 LED 灯。车行道侧路灯功率为 120 瓦 LED，灯具安装高度为 10 米，悬臂长 1.5 米；人行道侧路灯功率为 60 瓦 LED，灯具安装高度均为 8 米，悬臂长 1 米。

长江一路、为民街、幸福街采用单挑 LED 路灯。车行道侧路灯功率为 90 瓦 LED，灯具安装高度为 10 米，悬臂长 1.5 米。

5. 景观绿化工程

从地域文化、生态保护、功能定位、景观布局、地下空间等多方面研究，对上合广场地块进行景观设计。上合广场本次景观设计范围包含两个地块：长江路、幸福街、为民街、长江一路围合绿地，以及长江路、为民街、幸福街、钱塘江路围合绿地，共计 12.96 公顷。其设计内容包括范围内的交通组织、景观节点、广场铺装、景观配套服务建筑、景观绿化、景观照明、给排水及其他配套设施等，形成区域生态绿色斑块，塑造"生长的绿芯、流淌的文化"的上合大客厅的印象，创建"国际级生态文明的风向标"。

（六）调蓄及雨水利用工程

1. 设计内容

本项目共设置两种调蓄池，第 1 种为放置在地下一层的雨水利用调蓄池。

（1）雨季收集下雨时的雨水，旱季收集周边污水，经过储存处理为再生水，用作为洗车，道路、广场及绿化浇洒使用。这样既考虑了雨水的重复利用，又考虑了再生水的回用。

（2）充分考虑海绵城市建设的需求，来满足 75% 的雨水年径流总量控制率，作为雨水调蓄使用。

（3）缓解城市内涝，提升减灾能力。

第 2 种为借用整个地下三层作为应急雨水调蓄池。

（1）缓解城市内涝，应对超标雨水，吸收超过内涝设计标准的雨水，在必要时启用，保护周边地上及地下一、二层的商业及重要设备用房等，起到减灾作用。

（2）需地下空间管理部门做好应急管理预案，保证安全性。

2. 设计范围

本次设计的雨水利用调蓄池位于上合广场地下空间内，设置于为民街及长江一路交叉口西南侧，上合广场地下一层范围内；应急调蓄池位于上合广场地下三层范围内，服务范围南起钱塘江路，北至长江一路，西起幸福街，东至为民街，服务面积约

16.5公顷。

3. 设计规模

污水调节池长 18.6 米，宽 3.1 米，有效水深 3 米，调蓄容积为 172.98 立方米；雨水调蓄池长 29.85 米，宽 14.15 米，水位高 4 米，调蓄容积为 1 689.51 立方米；清水池池长 18.6 米，宽 6.05 米，有效水深 3 米，调蓄容积为 337.59 立方米。

应急雨水调蓄池利用整个地下三层，池深 3.4 米，总容积为 92 941.584 立方米。其进水口设置于为民街，泄空采用潜水泵强排，出水主要为排空应急调蓄池内的雨水，排空时间计划为 36 小时，内部设置高压冲洗装置；两处排口都通过在为民街设置的排水管道，分别排入长江一路及长江路新建雨水管线中，最终排入 4# 排水沟。

第三节　结构工程

一、工程概况

本项目位于上合示范区管委会南侧，长江一路以南、钱塘江路以北、幸福街以东、为民街以西；地下环路和综合管廊位于上合广场周边为民街、幸福街、长江一路、钱塘江路等。本项目建设内容主要包含地下停车场综合体工程、地下环路以及综合管廊工程。

地下停车场综合体工程为纯地下结构，共地下二层，局部地下三层。地下一层层高 7.1 米，中部为十字形商业区，其他位置为停车区及设备用房，北侧设有一处椭圆形中庭，南侧设一处"X"形下沉广场，并通过大台阶与地下一层相连；地下二层层高 4.5 米，均为停车区，局部划为人防；地下三层层高 4.2 米，均为停车区。地下室顶板覆土厚度约 2 米，市政道路下方覆土 3 米，顶板上设若干钢结构景观天桥。典型柱网为 8.4 米 × 8.4 米，平面总长约为 530 米，总宽约为 270 米。

地下环路及综合管廊在北、西、南三个方向与地下空间共建。市政道路自西向东横穿本项目中部，道路红线宽约 60 米。地铁 12 线区间段自西北向东南下穿地下停车场。

二、主体结构设计

（一）设计原则

为了确保施工阶段和使用阶段整体结构的稳定性，确保抗震安全，杜绝工程事故的出现，结构设计应做到以下几点。

（1）加强洞口等薄弱部位的设计，加强结构刚度及抗震性能，保证水平力的有效、安全传递。

（2）满足结构整体稳定性验算，满足地基承载力验算。

（3）确保施工阶段水平荷载的安全传递以及结构安全。

（二）楼盖体系选型

地下室采用现浇钢筋混凝土框架结构体系，以满足建筑使用及防火、防水等要求。根据建筑功能需要，本工程地下空间典型柱网为8.4米×8.4米。可供选择的楼盖结构有无梁楼盖结构、预应力无梁楼盖结构、井（十）字梁板结构、现浇空心楼板结构等。现对各楼盖结构方案从技术、经济、安全、施工等各方面进行初步比选，以得到适合本工程的最佳方案。

1. 方案一：无梁楼盖结构

虽然无梁楼盖结构可以降低楼层层高，减少基础埋深，减少施工土方开挖深度，但考虑到上部覆土较厚，而且有行车荷载，做无梁楼盖并不经济。而且，无梁楼盖板柱体系自身抗侧力能力较差，加之工程中地下室顶板因楼梯间、下沉式广场开洞等原因造成刚度削弱，对整体结构抗震而言非常不利。

2. 方案二：预应力无梁楼盖结构

现浇预应力混凝土楼板在超长结构和大跨度结构中有优势。本项目考虑到下沉广场大开洞及汽车坡道的设置，对楼板作用变形所受约束十分复杂，主拉应力迹线分布很不规则，做预应力楼盖结构对承受竖向荷载和水平荷载并无多大必要，且预应力结构施工工艺较复杂。所以，不建议采用此方案。

3. 方案三：井（十）字梁板结构

井（十）字梁板结构是现浇钢筋混凝土楼盖的一种，具有结构刚度大，整体性好，框架梁与相邻楼板及下部支承结构（框架柱）连接可靠，抗震抗冲击性能好，结构延性好等优点。此外，由于楼板的平面形状、尺寸、跨度及荷载都可以根据需要选择和调整，更容易满足楼板开洞、水平荷载传递等使用功能的要求。

4. 方案四：现浇空心楼板结构

现浇空心楼板自重轻，材料省，与梁板结构相比可以增加结构净空。但用作地下室顶板时，尚应满足防水设计最小板厚要求。所以，地下室顶板若采用空心板结构，混凝土用量与无梁楼盖和梁板结构相比无明显优势，且高强薄壁芯管费用较高，并不经济，同时存在与无梁楼盖相同的问题，抗震性能较差且开洞十分不方便。所以，对于本项目，不推荐选用现浇空心楼板结构。

经过上述比较，十字梁板楼盖，楼盖的竖向刚度和水平刚度大，楼板开洞灵活，应用范围广，在超长结构中发挥着主要作用，并在楼盖结构高度不受限制的条件下具有较好的经济指标。

综上所述，地下空间推荐方案"十"字梁板楼盖结构方案。考虑到环路设计的特殊要求，环路顶板采用单向楼板结构形式。

第四节　消防设计

一、项目概况

本项目建设地点位于上合示范区管委会南侧，长江一路以南、钱塘江路以北、幸福街以东、为民街以西；地下环路和综合管廊位于上合广场周边为民街、幸福街、长江一路、钱塘江路地下。

基地呈东西向长条形，东西宽约290米，南北长约530米。本项目地下共有三层。地下一层为商业、文化设施、车库、物流中心上空、能源中心（设备用房）、智慧中心（环路控制中心、管廊控制中心、交大大道控制中心），地下空间外侧布置综合管廊；地下二层为环路、汽车库；地下三层为汽车库。

二、总平面

（一）建筑物、构筑物满足防火间距的情况

本项目为地下建筑，地下空间出地面设施之间无防火间距。

地上构筑物结合景观设计，按南北广场划分区域，构筑物之间满足防火间距要求。

地下空间出地面的楼电梯、风井与地面构筑物的间距，参考《山东省建设工程消防设计审查验收技术指南（疑难解析）》2022年版相关要求。当楼电梯、风井与地上建筑门窗洞口相对时，间距不小于6米；如果楼电梯、风井设置在地面构筑物内，则满足水平开口间距不小于2米，转角开口间距不小于4米。

（二）消防车道

利用市政道路在基地四周设有环行消防车道，市政道路满足车道最窄≥4米，车道净高最小≥4米；转弯半径≥12米；市政道路承载力满足大型消防车的要求；地下室顶板可满足消防车的轮压要求。

本项目地下二层设置市政环路，市政环路具备小型消防车通行条件。

（三）消防登高面与登高场地

消防车利用市政道路救援，南面地块下沉广场在地块中间，考虑消防车可以通过长江路边硬质铺地进入地块，在下沉广场边设置消防车临时停车点。

第五节　综合防灾专项设计（紧急避难场所）

一、应急避难场所选址要求

地势平坦空旷且排水畅通；在建筑物倒塌范围之外，保证疏散通道畅通；避开高压线走廊和文物古迹保护区域；远离次生灾害源。在充分考量地下空间的类型、地下空间自身的运维现状以及适当加固、转换的前提下，地下空间在防灾体系中的作用可进一步提高，节点型地下空间可作为独立的防灾主体考虑，网状地下空间可作为地下人员逃生通道及地下物流通道考虑。

二、项目区域条件

城市最高水位 3.5 米（绝对标高）。

防洪标高 4.0 米（绝对标高）。

规划人口 23.1 万。

地下一层有 8.5 万停车库，层高 6 米。

三、应急避难场所设计

1）设计条件

上合示范区核心区为超大型地下空间，规模较大、基础条件良好且自成体系，在配备了相应设施设备的情况下，可作为独立的应急避难场所考虑，受灾时可作为安置主体，收纳灾民。地下车库项目地理位置交通便利、出入口畅通，平时为地下汽车库，灾时可作为应急避难场所配套应急抢险工程。

2）设计标准

参考国标《防灾避难场所设计规范》（GB 51143—2015），防灾避难场所分为根据其配置功能级别、避难规模和开放时间等划分为紧急避难场所、固定避难场所和中心避难场所。

3）外部条件

（1）应急水源：市政给水网，500米范围内的地表水源。

（2）外部交通：地下应急避难场所自内部东西两侧出入口出地面后可与外界城市道路相连接，以此完成避难核心区的疏散与应急救援。

（3）防洪设计：① 城市最高水位3.5米，防洪标高4.0米。本项目场地最低标高4.5米，场地标高高于防洪标高。② 地下三层24 000平方米的汽车库，可在应急时调整成应急防洪调蓄池。③ 可利用地下二层环路，在地下二层汽车库内布置应急避难区。④ 地下二层环路净高3.5米。

4）其他应急防灾措施

（1）应急电源车。

应急电源车是装有电源装置的专用车，可装配电瓶组、柴油发电机组、燃气发电机组。

其一般具有发电功率大（一般可达到500千瓦，供800户常规用电）、工作时间长等特点（一般还可保障各类建筑的供电）。

装配发电机组的车厢要求消音降噪，还要配置辅助油箱、电缆卷盘、照明灯等设备。

（2）应急通信车。

通信指挥车主要由Hanhsx中控系统、视频系统、广播系统、灯光系统、供电系统等组成。

完成系统集成的全部内容后，通信指挥车到达现场系统将图像和声音通过Hanhsx中控系统传送到几十千米、几百千米的应急中心，供中心做应急处理。

应急通信车的主要功能有分布式调度指挥、现场视频回传、车载视频监控、现场通信、远程数据通信等。

（3）流动公厕车。

流动公厕车包括运输车本体、粪便收集箱、卫生间、储水箱、洗手间和空气清新剂储存盒。

其车厢右侧设有厢门，车厢内腔的底部两侧固定安装有液压升降装置，液压升降装置的顶部固定安装有粪便收集箱，粪便收集箱的顶部左侧固定安装有多个卫生间，卫生间内设置有马桶。

通过运输车本体和车厢的配合，实现了厕所的方便移动，通过车厢、液压升降装置、粪便收集箱和排放管道的配合，方便了对粪便的排放。通过换气扇，空气清新剂储存盒和雾化喷头的配合，实现了流动公厕车的环保、卫生、无异味。

第六节　人防专项设计

一、人防建筑专业

（一）工程项目概况

（1）本项目为上合广场地下空间综合开发利用及配套基础设施建设项目人防地下室。该人防工程平时功能为汽车停车库及设备房，战时功能为掩蔽所、物资库及汽车库。

（2）该人防地下室工程位于地下室负二层及负三层，人防总建筑面积约63 926平方米，人防地下室共设置13个防护单元。每个防护单元设有至少2个不同方向的人防口部，一个主要出入口，一至两个次要出入口，每个分区的主要出入口的首层楼梯间、坡道均能直通室外，且其通往地下室的梯段上端至室外的距离不大于5米。

（3）本工程人防共设计2个二等人员掩蔽所，8个物资库，3个汽车库。防护面积共计约60 729平方米，共计掩蔽人数2 000人，掩蔽车辆约160辆。

（4）建筑层数及高度：地下室室内标高均为建筑面层标高。

（二）平时及战时功能转换

（1）男女厕所、洗漱间、抗爆隔墙等墙体，平时不砌筑，战时砌筑。

（2）滤尘、滤毒室人防设备以及战时人防风机、配电设备均一次性安装到位，滤毒器与管道不连接。

（3）平时通风井设人防门并设集气室进行防护，平时人防门打开以利通风，战时关闭人防门。

（4）战时关闭所有防爆地漏及平时使用的穿过人防区的进、排水闸阀。

（5）防护单元间及口部封堵按防护功能转换要求，临战前转换。

二、防护结构专业

（一）基本参数

本项目人防设置于地下室负二层。该设计将确保临战封堵转换时空气波不进入防空地下室。按《人民防空地下室设计规范》（GB 50038—2005）相关条文规定，甲类防空地下室结构应能够满足以下要求。

（1）满足平时使用状态的结构设计荷载。

（2）满足战时常规武器爆炸动荷载和核武器爆炸动荷载的分别作用。

同时，应满足防空地下室结构各项构造规定。本防空地下室的各结构构件等效静荷载取值有如下内容。

（1）顶板等效静荷载标准值：55、70千牛/平方米。

（2）地下室外墙等效静荷载标准值：50千牛/平方米。

（3）地下室底板等效静荷载标准值：50千牛/平方米。

（4）室内出入口临空墙：110（130）千牛/平方米。

（5）单元隔墙：50千牛/平方米；单元间门框墙：50千牛/平方米。

（6）室内出入口门框墙：200千牛/平方米。

（7）坡道临空墙（门框墙）：160（240）千牛/平方米。

（8）防倒塌楼梯踏步：正面60千牛/平方米；反面30千牛/平方米。

本防空地下室结构选用的混凝土强度为C35，混凝土设计抗渗等级为P6，钢筋强度等级为HRB400级。

本防空地下室结构构件最小厚度按照《人民防空地下室设计规范》（GB 50038—2005）第4.11.3条规定取值。地下室顶板厚度为250毫米，临空墙厚度不小于250毫米，防护密闭门门框墙厚度不小于300毫米，密闭门门框墙厚度不小于250毫米。混凝土构件纵向受力钢筋的保护层厚度按照4.11.4条规定取值。承受动荷载的钢筋混凝土结构构件，纵向受力钢筋的配筋率按照4.11.7条规定取值。

（二）平时及战时转换

（1）临战前所需预埋件、预留孔等必须在工程施工中同步进行，一步到位，不得漏埋。各预制构件应随工程施工同步做好，做好标志就近存放。

（2）时限要求：① 楼梯入口临战封堵，战时转换时限在3天内完成。② 抗爆单元的隔墙与挡墙战时转换时限在15天内完成。③ 防护单元之间临战封堵挡板战时转换时限在15天内完成。④ 人防地下室顶板有排烟采光天窗和管道井需要临战封堵时，临战封堵战时转换时限在3天内完成。

参考文献

［1］翟斌庆，伍美琴. 城市更新理念与中国城市现实［J］. 城市规划，2008（2）：75-82.

［2］王如渊. 西方国家城市更新研究综述［J］. 西华师范大学学报（哲社版），2004（2）：1-6.

［3］董玛力，陈田，王丽艳. 西方城市更新发展历程和政策演变.［J］. 人文地理，2009（5）：42-46.

［4］阳建强，吴明伟. 现代城市更新［M］. 南京：东南大学出版社，1999.

［5］丁彩霞，张闻达. 我国城市更新的历程、迷思与走向［J］. 内蒙古师范大学学报，2023，52（3）：92-97.

［6］杨保军. 实施城市更新行动的核心要义［J］. 中国勘察设计，2021（10）：10-13.

［7］王富海，阳建强，王世福，等. 如何理解推进城市更新行动［J］. 城市规划，2022，46（2）：20-24.

［8］文国玮. 城市交通与道路系统规划［M］. 北京：清华大学出版社，2001.

［9］朱尔明，赵广和. 中国水利发展战略研究［M］. 北京：中国水利水电出版社，2002.

［10］刘树坤. 国外防洪减灾发展趋势分析［J］. 水利规划设计，2000（1）：4.

［11］齐利华，祖士卿，马骥. 珠海市某区域污水管网CCTV检测结果与建议［J］. 中国给水排水，2017，33（22）：4.

［12］勒德智，刘卓尧，温华东. 新余市市政排水管道非开挖修复方案分析［J］. 工程

建设与设计, 2023 (20): 66-68.

[13] 袁红丹.上海地区排水管道非开挖修复设计要点分析 [J].建筑科技, 2023, 7 (6): 8-11.

[14] 尹华琛, 刘长岐, 等.基于城市信息模型（CIM）的生态服务价值定量分析——以上合示范区为例 [J].中国建设信息化, 2023 (13): 68-72.

[15] 韩青, 刘长岐, 等.上合示范区城市信息模型（CIM）平台应用发展探索 [J].中国建设信息化, 2022 (15): 64-66.